생물을 알면
삶이 **달라진다**

생물을 알면 삶이 달라진다

초판 1쇄 인쇄 | 2024년 1월 10일
초판 1쇄 발행 | 2024년 1월 20일

지은이 | 허점이
펴낸이 | 김진성
펴낸곳 | 호이테북스

편　집 | 오정환, 허민정, 강소라
디자인 | 유혜현
관자리 | 정서윤

출판등록 | 2005년 2월 21일 제2016-000006
주　　소 | 경기도 수원시 장안구 팔달로237번길 37, 303호(영화동)
대표전화 | 02) 323-4421
팩　　스 | 02) 323-7753
홈페이지 | www.heute.co.kr
전자우편 | kjs9653@hotmail.com

값 18,000원
ISBN 978-89-93132-91-5(03470)

세포, 인간, 지구에 이르는 통섭의 지혜

생물을 알면 삶이 달라진다

허점이 지음

벗나래

| 서문 |

생물에서 인생의 답을 찾다

"강한 종이 살아남는 것이 아니라, 변화에 적응하는 종이 살아남는다." 인류는 지금 이렇게 살아 있다. 다윈의 말처럼 변화에 적응하기 위해 혁신을 거듭했기 때문이다. 앞으로도 인류는 살아남아야 하고, 더 풍요롭게 살아야 한다. 그렇다면 우리에게 필요한 것은 무엇일까? 그것은 바로 우리 자신을 아는 것이 아닐까?

"지피지기(知彼知己)면 백전불태(百戰不殆)"는 《손자병법》 모공편(謀攻篇)에 나오는 말이다. 적을 알고 나를 알면 백 번 싸워도 위태롭지 않다는 말이다. 자신을 아는 것이야말로 앞으로 일어날 어떠한 변화에도 유연하게 적응하고, 우리 안에 있는 무한한 가능성을 계발하기 위해 무엇보다 필요하다. 그런 의미에서 이 책은 어떻게 살아야 하고, 무엇을 하며 살아야 할지 고민하는 사람들에게 의미 있는 책이 되리라 확신한다.

"생물을 알면 삶이 달라진다."

이것은 필자가 독자들에게 하고 싶은 말이다. '생물을 이해하는 것이 어떻게 우리를 더 행복하게 하고, 성공으로 이끌어 줄까?', '생물에 대한 이해가 현대를 살아가는 우리에게 과연 필요한 것일까?' 하는 의문을 품을 수도 있다. 답은 이 책 안에 있다. 궁극적으로 우리는 자신을 좀 더 잘 알아야 한다. 우리는 생명체고, 우리 몸을 이루는 세포와 우리가 사는 지구, 나아가 이 세상이 살아 있는 하나의 생명체라는 사실을 인식할 필요가 있다.

필자는 고등학교에서 30년 가까이 생명과학을 가르쳤다. 생명과학은 지구상의 생명체를 대상으로 생명체의 구성 원리, 작동 원리, 생명현상을 연구하는 학문이다. 생물에 대해 모른다고 해서 불편하거나 손해가 생기는 것은 아니다. 하지만 생물을 알면 훨씬 더 건강하고 행복하게 살 수 있다는 것은 분명하다. 필자가 그 증거이자 증인이다.

대학교, 대학원, 교직 생활 동안 생명과학을 접하고 공부했지만, 필자가 생물과 생명을 제대로 이해하는 데는 오랜 시간이 걸렸다. 필자는 생물을 이해하면서 삶을 대하는 관점이 바뀌고 삶이 달라졌다. 마음은 고요하고 편안해졌으며, 생활은 활기차고 즐거워졌다. 이처럼 관점을 바꾸면 고통은 사라지고, 삶의 지혜가 생겨난다. 이 책이 당신을 그런 삶으로 이끄는 계기가 되기를 기원한다.

필자는 이 책에서 생물을 이해하고, 이를 삶에 적용하면 인생

이 달라지는 이야기를 할 것이다. 스트레스나 고통 같이 삶에서 생기는 문제들의 원인과 해결 방법을 생물을 통해 쉽고 간단하게 설명할 것이다. 학창 시절 지겹도록 외우던 개념에 불과한 지식이 아니라, 삶과 연결된 이야기를 할 것이다. 하지만 꼭 알아야 할 생물 지식은 설명을 붙였다. 이는 지식 전달이 아니라, 우리 삶을 말하기 위해 필요했기 때문이다.

우리가 아는 지식 너머에는 인류의 놀라운 지혜가 담겨 있다. 필자는 이 책으로 독자들과 삶에 대한 지혜를 나누고, 더 많은 사람이 지식이 아닌 지혜로 자신이 원하는 삶을 살아가기를 희망한다. 어쨌든 당신은 이 책을 읽는 동안 생명의 신비와 지혜를 하나둘 알아갈 것이다. 이를 통해 "범사에 감사하라", "네 이웃을 네 몸처럼 사랑하라"는 성경 구절과 "지금 이 순간을 살아라", "지금 이대로 완전하다"는 영적 스승들의 말에도 공감하기를 바란다. 또한 생명의 신비와 '나'라는 존재에 경이로움과 함께 힘들고 고통스러운 것들이 자신을 한계 짓는 관념에 불과하다는 사실도 알기 바란다. 이러한 지혜는 세상을 달리 보게 하고, 삶을 변화로 이끌 것이다.

1부에서는 왜 생물을 알아야 하는지 다뤘다. 생물을 바르게 이해할 때 더 건강하게 살며 삶이 변한다. 생물을 바르게 이해하는 것은 인간 본성을 회복하는 길이기도 하다. 그런 점에서 1장에서는 우리가 생물을 더 깊고 넓게 이해할 필요가 있음을 강조했다. 인간과 생물을 이해하고 삶을 이해하는 데 도움이 되는 기본적인 지식과 함께, 개체로서 생물이 갖는 특성을 중심으로 살펴보았다. 그리고 2장에서는 생물의 특성을, 3장에서는 끊임없이 변하는 환경 속에서 살아남기 위해 생물들이 어떻게 변화하며 적응해 왔는지 생존 전략 측면에서 간단히 살펴보았다. 4장에서는 단세포생물에서 다세포생물로 진화해 온 과정을 통해 인류가 앞으로 당면할 문제와 나아갈 방향을 생각해 보았다. 그리고 세포와 세포, 세포와 환경 사이의 작용(자극과 반응)을 인간의 소통과 비교하여 살펴보았다. 우리의 소통에 있어서 문제점과 해결 방법을 생각해 보는 기회가 되었으면 한다.

2부에서는 인체를 올바로 이해하고, 이로써 인간이 어떤 존재인지 제시하였다. 이를 위해 5장에서는 인체 구조와 기능, 균형과 조화를 위한 인체의 조절 작용, 대뇌의 작용을 설명해 인체가 얼마나 신비로우며, 인간이 얼마나 경이로운 존재인지 말하고자 했다. 6장과 7장에서는 인간이 속한 지구(우주)가 하나의 살아 있는 생명체라는 사실을 알고, 인간과 지구, 인간과 환경의 관계를 바르게 이해하도록 했다. 이로써 지구 생태계 안에서 인간의 위치와 역할과 중요성을 알도록 했다. 아울러 인간이 환경의 동물인 동시에 능동적이고 적극적으로 변화를 끌어낼 수 있는 존재임을 강조하였다. 8장에서는 세포와 인체에 대한 통찰적 이해를 바탕으로 '나'라는 개체적 관점이 어떻게 생기는지와 뇌의 놀라운 기능을 알아보았다. 아울러 생각하는 기능과 관련하여 삶이 힘들고 고통스러운 원인을 알아보고, 고통에서 벗어나려면 어떻게 해야 할지 생각하도록 했다. 이를 통해 생각하는 능력을 지닌 인간이 얼마나 경이롭고 위대한 존재인지 깨달았으면 한다.

3부에서는 필자가 생명을 이해하고, 명상하면서 깨닫게 된 사실을 바탕으로 삶을 어떻게 바꿀 수 있으며, 어떻게 살아야 하는지 생물에서 답을 찾아보려 했다. 매 순간 상황과 조건에 따라 변하는 것이 삶이라고 볼 때, 삶에 관한 한 고정된 답은 없다. 그런 점에서 필자는 진행형의 의미로 '생물에서 답을 찾았다'가 아닌 '생물에서 답을 찾다'로 썼다. 9장에서는 세포, 인체, 지구가 프랙탈적이라는 사실을 중심으로 새로운 관점에서 생물을 이해할 필요성을 강조했다. 또 일상에서 사용하는 많은 과학적 지식과 개념, 이름들의 한계와 허구성 그리고 이것들이 우리의 삶에 미치는 영향을 알아보고, 생물에서 세포와 인체의 관계를 통해 우리의 관점이 삶에 어떻게 영향을 미치는지도 이야기했다. 그리하여 우리가 어떤 관점으로 사는 것이 우리 삶에 유익할지 생각해 보았으면 한다. 10장에서는 매 순간이 선택인 우리 삶에서 스스로 원하는 삶을 창조하려면 생각의 주인으로서 인생 고수가 될 것을 제안한다. 세포가 인체와 하나로 존재하듯, 누구나 인생 고수로서 세상과 하나 되어 신나게, 적극적으로, 매 순간 배우면서 활기차게 살기를 바란다.

이 책에서 필자는 세포와 인체에 관한 이야기를 많이 했다. 우리가 사는 세상은 세포와 인체에서 일어나는 일과 다르지 않다. 그래서 우리가 겪는 많은 갈등과 오해, 그리고 고통 같은 문제가 어떻게 해서 생기는지 세포와 인체를 통해 알아보고, 해결 방법을 찾고자 했다.

또한 세포와 개체적 생물뿐 아니라 지구와 우주도 거대한 생명체라는 사실을 잊지 않았으면 한다. 인간뿐 아니라 모든 생물과 존재하는 모든 것은 지구라는 생명체를 이루는 구성 요소로서 지구와 함께 존재한다. 이 책이 인간과 지구(또는 우주), 지구에서 인간의 위치와 역할을 바르게 이해하고, 인류가 당면한 문제와 앞으로 나아갈 방향을 함께 생각하는 기회가 되었으면 한다. 생각의 주인으로서 우리가 가진 생각하는 능력을 바르게 사용해야 한다는 것과 그러기 위해서 무엇을 어떻게 해야 할지 생각할 기회도 되었으면 좋겠다. 아울러 우리 인간이 얼마나 무한한 가능성을 지닌 존재이며, 소중한 존재인지 깨달았으면 한다.

책을 출간하면 마냥 기쁠 줄 알았다. 막상 출판을 앞두니 한순간에 사라질 수 있는 이야기가 책으로 남는다는 생각과 이 이야기를 사람들이 어떻게 받아들일지 모른다는 생각에 두려움이 앞선다. 그렇지만 책을 쓰는 동안 많은 성찰의 시간을 보내며 나를 아는 기회가 되었다는 사실이 무엇보다 큰 위안이다.

책의 내용이 많은 부분 과학적이지 못하다거나 다분히 관념적이라는 비판을 받을 수 있음을 인정한다. 그러나 이 책이 생명에 관한 연구뿐 아니라 인간의 행복과 이상 실현이라는 과학적 연구의 새로운 장을 여는 데 밑거름이 되기를 바란다. 부족하지만 이 책이 독자들에게 올바른 삶의 방향을 찾는 데 도움이 되기를 바라는 마음이다. 모쪼록 이 책이 그들의 삶에 터닝포인트가 되었으면 한다.

저자 허점이

차례

인간에 대한 이해

3부 생물에서 답을 찾다

1부

생물에 대한 기본 이해

생물을 바르게 이해할 때 우리는 더 건강하게 살 수 있으며 삶이 변한다. 생물을 바르게 이해하는 것은 인간 본성을 회복하는 길이기도 하다. 그런 점에서 우리는 생물을 더 깊고 넓게 이해할 필요가 있다. 1부에서는 생명체인 인간과 생물을 이해하고 우리의 삶을 이해하는 데 도움이 될 기본적인 지식과 함께, 개체가 지닌 특성을 중심으로 생물을 살펴본다. 이를 위해 2장에서는 생물의 특성을, 3장에서는 끊임없이 변하는 환경 속에서 살아남기 위한 생물이 어떻게 변화하며 적응해 왔는지 생존 전략이라는 관점에서 간단하게 살펴보았다. 4장에서는 단세포생물에서 다세포생물로 진화하는 과정을 통해 인류가 앞으로 당면할 문제와 나아갈 방향을 볼 수 있었으면 한다. 그리고 세포와 세포 사이, 세포와 환경 사이의 작용(자극과 반응)을 소통이라는 측면에서 살펴보았다. 우리의 소통에 있어서 문제점과 해결방법을 생각해 보는 기회가 되었으면 한다.

1장

우리는 왜 생물을 알아야 하는가?

"타인에 관해 잘 아는 사람은 박식한 사람이지만, 자신에 관한 것을 잘 아는 사람은 지혜로운 사람이다." _ 노자

"자기를 아는 사람만이 남을 안다." _ 찰스 칼렙 콜튼

이 말들은 자기를 아는 것이 중요함을 강조하는 말이다. 자신을 바로 알 때 자신이 무엇을 할 수 있는지, 어떻게 해야 하는지 알기 때문이다. 자신을 아는 것이야말로 삶을 이해하고 앞으로 일어날 변화에 유연하게 적응하기 위해 필요하다. 그리고 잠재 가능성(그것이 무한한 가능성이라면 더욱)을 계발하기 위해서도 필요하다.

생물을 알아야 하는 이유도 마찬가지다. 우리가 생물이기 때문이다. 생물에 대한 이해는 필자가 어떻게 살아야 하고, 무엇을 해야 하는지 알게 해주었다. 사실 필자는 마흔이 넘도록 어떻게 살아야 할지 알지 못했다. 어떻게 살아야 바르게 사는 것이고, 잘

사는 것인지 알고 싶었으나 어디에서도 답을 찾을 수 없었다.

그러나 지금은 분명히 안다. 어떻게, 왜, 무엇을 해야 하는지 알고 나니 걱정이나 두려움이 없다. 걱정과 두려움은 모를 때 생긴다. 걱정이나 두려움이 없으니 마음은 늘 고요하고 평화롭다. 하는 일마다 즐겁고 재미있다. 필자가 이렇게 되기까지는 명상의 도움도 컸지만, 생물에 대한 이해가 큰 역할을 했다. 학생 시절에는 막무가내로 외우기만 한 생물 지식이었지만, 이것을 바르게 이해하면서 삶이 바뀌기 시작했다. 생물을 모른다고 사는 데 직접적으로 큰 불이익이나 손해가 생기지는 않는다. 하지만 생물을 알고 나면 훨씬 더 건강하고 행복하게 살 수 있다. 필자가 그 증인이다. 생물을 알면 다음과 같은 이점이 있다.

1. 더 건강하게 살 수 있다

"건강한 신체에 건강한 정신이 깃든다", "가장 큰 재산은 건강이다"라는 말이 있다. 우리는 생명체고, 우리 몸을 이루는 세포와 우리가 사는 지구, 나아가 이 세상은 모두 살아 있는 하나의 생명체다. 생명체는 무엇보다 건강이 중요하다. 주식이나 부동산에 관한 지식은 나를 건강하게 하지 못한다. 반면 생물에 대한 이해는 신체뿐 아니라 정신까지도 건강하게 해준다. 당신을 행복하게 만들고 성공하도록 도와준다. 어떻게 가능할까? 이 질문에 답을 주려고 이 책을 썼다. 현대를 사는 우리에게 이 책이 필요한 이유다. 필자는 28년 동안 생명과학을 가르친 교사로서 분명히 말할 수 있다. 생명을 올바르게 이해할 때 훨씬 더 건강하고 행복한 삶을 살 수 있다고.

2. 관점이 바뀌고, 삶이 변한다

사람은 자신이 살면서 배우고 경험한 것을 기준으로 만든 하나의 고정된 관점을 고집하는 경향이 있다. 그렇게 평생 한 가지 관점만 고집하는 사람을 대할 때면 답답함과 거리감을 느낀다. 그런 사람은 다른 사람들과 좋은 관계도 맺지 못한다. 관계가 변할 수도 없다. 고정된 관점은 삶을 지루하고 재미없게 만든다.

삶은 관계다. 좋은 삶은 좋은 관계에서 나오고, 관계는 바라보는 관점에 따라 변한다. 어떤 관점을 가지느냐에 따라 전혀 새로운 관계가 형성된다. 생물을 이해하면 사물을 대하고, 세상을 바라보는 관점이 달라진다. 상대의 관점이나 전체의 관점으로 보게 된다. 한가지 고정된 관점이 아니라 다양한 관점, 매 순간 새로운 관점으로 삶을 대하게 된다. 새로운 관점은 관계를 새롭게 만들고, 삶을 생기 있고 활기차게 한다. 관점이 변화하면 의식이 확장된다. 의식의 확장은 수용과 포용력으로 이어져 삶이 편안하고 풍요로워진다. 그뿐만이 아니라 자신이 무한한 가능성을 지닌 존재라는 사실을 깨닫게 된다.

3. 생물에 대한 이해는 인간 본성을 회복하는 길이다

우리는 살아 있는 생명체다. 매 순간 쉬지 않고 생명활동을 한다. 인류는 오랫동안 감각에 의존해 생활해 왔다. 지금까지 우리가 이해한 생명현상은 보고, 듣고, 만지고, 느끼는 대상, 즉 물질적인 현상에 한정되어 있었다. 감각으로 인식하지 못하는 생명현상은 신비의 영역으로 취급했다. 그러나 생명현상을 깊이 통찰하고 이해하면 신비의 영역, 즉 생명의 신비를 깨달을 수 있다. 그리하여 생명의 본성인 사랑과 감사, 지혜에도 눈을 뜨게 된다.

이 책에는 필자가 깨달은 생명의 본성, 즉 우리가 회복해야 할 생명의 본성에 관한 이야기가 있다. 우리의 본성이기도 한 생명의 본질을 이해하면 우리가 어떻게 살아야 하는지, 무엇을 하며 왜 살아야 하는지 분명히 알게 된다. 우리가 인식하는 물질은 인식되지 않는 비물질적인 존재에 의해 인식된다. 그렇게 본다면 어쩌면 더욱 중요한 것은 비물질이 아닐까?

최근 인류의 관심은 물질에서 비물질로 옮아가는 추세다. 물리학에서는 아인슈타인의 상대성 이론이나 양자 이론과 같이 이미 비물질에 관한 관심과 연구가 활발하다. 이제 생명과학 분야에서도 비물질적 차원의 생명현상을 연구할 때다. 이것이야말로 생명의 본질을 밝히고, 생명체로서 진정한 본성을 회복하는 길이 아닐까 싶다.

2장
생물의 특성

1. 생물은 살아 있다

생물이란 무엇인가?

생물이란 무엇인가? 이 질문에 대한 답은 직관적으로 생각할 수 있다. 가령 화단을 기어 다니는 개미나 지렁이를 보면 "이것들은 살아 있어서 생물이다"라고 쉽게 말할 수 있다. 살아 있는 것, 즉 생명이 있는 것을 우리는 생물 또는 생명체라고 한다. 그러나 무엇이 개미를 살아 있게 만드는지 설명하기란 쉽지 않다. 마찬가지로 한 생명체가 죽는 순간, 생명체를 죽게 만드는 눈에 보이지 않는 어떤 요소에 대해서도 우리는 잘 모른다. 이처럼 생물을 한마디로 정의하기는 쉽지 않다. 이에 대해 과학자들은 다음 5가지 특성으로 생물을 정의하고 있다.

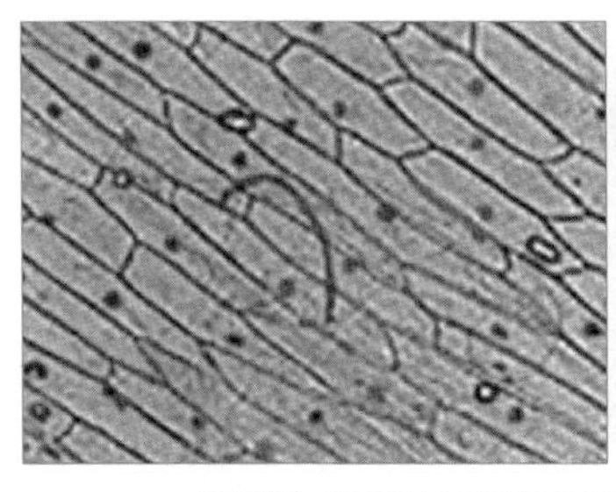 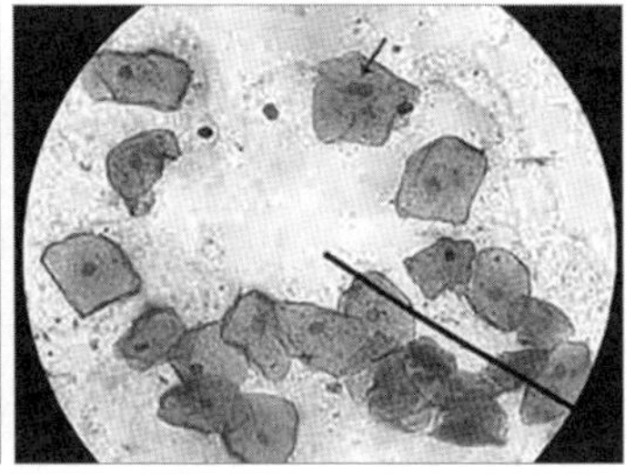

〈그림1〉 양파의 표피세포(×200)와 구강상피세포(×1000)

① 세포로 되어 있다

지구에 사는 수많은 생물들은 모습과 크기는 제각각이지만, 모두 세포로 되어 있다. 모든 세포는 자신을 주변과 분리하는 바깥쪽 막을 가지고, 막은 세포가 기능을 수행하는 데 필요한 물과 다른 화학물질들을 감싸고 있다. 세포는 생물을 구성하는 구조적 단위이자 생명활동이 일어나는 기능적 단위다.

② 물질대사를 한다

세포에서 일어나는 모든 변화는 생명활동에 의한 현상이다. 세포가 생명활동을 하려면 에너지와 영양소가 필요하다. 세포는 필요한 물질과 에너지를 얻으려고 외부에서 물질을 흡수하고, 필요 없는 물질을 배출한다. 외부에서 받아들인 물질을 이용해 끊임없이 합성하거나 분해하는 화학반응을 일으키고, 이 과정에서 필요한 물질과 에너지를 얻는다. 세포에서 일어나는 모든 화학반응을 '물질대사'라고 한다. 생물이 생명활동을 유지하려면 끊임없이 물질대사가 일어나야 한다.

③ 자극에 반응하고 항상성을 갖는다

생물은 환경을 떠날 수 없으며, 생물과 환경은 끊임없이 서로 영향을 주고받으며 변한다. 이때 환경의 변화를 '자극'이라고 하고, 환경의 변화와 함께 생물이 일으키는 변화를 '반응'이라고 한다. 어두운 동굴 속에 사는 박쥐는 빛을 피해 동굴 깊숙이 들어간다. 반면에 식물은 빛을 향해 자란다. 이처럼 자극을 감지하고, 반응하는 것은 생물의 중요한 특징이다.

환경은 끊임없이 변한다. 이와 함께 생물도 끊임없이 변화한다. 하지만 주위 환경이 변하더라도 생물의 내부 조건은 일정한 범위를 유지해야 한다. 가령 기온이 올라가거나 운동할 때 땀이 나는 이유는 체온을 일정하게 유지하기 위함이고, 물을 많이 마시면 오줌량이 늘어나는 이유도 체내 수분량을 일정하게 유지하기 위함이다. 이처럼 생물은 환경이 변해도 체내 상태를 항상 일정하게 유지하려는 성질이 있는데, 이를 '항상성'이라고 한다.

④ 스스로 번식하고, 발생과 생장을 한다

생물은 자신과 닮은 개체를 만드는 방식으로 번식한다. 번식은 한 세대에서 다음 세대로 유전정보를 전달하고, 유전정보는 자손이 물려받는 특징을 정의한다. 번식은 두 가지 방법이 있다, 무성생식과 유성생식이다. 무성생식은 유전물질을 오직 한 부모에게 물려받으며, 모든 자손은 형질이 같다. 유성생식은 양쪽 부모의 유전물질이 합쳐져서 새로운 조합으로 자손에게 전해지므로 자손의 형질이 다양하게 나타난다. 정자와 난자의 수정으로 생긴 수정란이 세포분열을 하여 어린 개체가 되는 과정을 '발생'이라고 한다. 그리고 어린 개체가 세포분열로 세포 수를 늘려 몸집이 커지고, 무게가 증가하는 것을 '생장'이라고 한다.

⑤ 적응하고 진화한다

생물은 서식하는 환경 조건에 따라 다양한 특징을 나타낸다. 생물이 환경과 상호작용하면서 구조와 기능, 생활 습성이 변하는 현상을 '적응'이라고 한다. 환경은 끊임없이 변한다. 생물이 오랜 세월 동안 환경에 적응하면서 유전자가 변화하면 생물의 구조와 기능뿐 아니라 새로운 종이 나타나기도 한다. 이러한 현상을 '진화'라고 한다. 그리고 진화의 결과, 오늘날 다양한 종류의 생물이 나타나게 되었다.

이렇게 과학자들이 말하는 5가지 생물 특성을 필자는 다음과 같이 2가지로 정리해 보았다.

첫째, 생물은 생존 의지가 있다. 생물이라고 할 때, 우리는 직관적으로 살아 있다는 것을 생각한다. 살아 있다는 것은 생존 의지가 있음을 말한다. 아메바와 같은 단세포 생명체도 양분을 감지하면 흡수하고, 위험한 자극은 피한다. 이러한 단순한 반응도 생존이라는 목적에 부합한다. 생물의 진화 과정에서 나타나는 세포의 구조적 변화, 단세포에서 다세포생물로의 변화, 다세포생물의 구조나 체제의 변화, 생식 방법의 변화는 모두 생물이 최우선으로 생존이라는 목적에 부합한 방식을 선택한 결과다.

생물의 지성도 더 유익한 선택을 하기 위해 생겨났을 것이다. 자신이 있는 곳이 어디며, 그곳에서 살아남기 위해서는 어떻게 해야 하는지, 인식하는 대상이 무엇이고, 생존에 유리한지 불리한지와 같은 인식과 판단으로 행위가 일어났을 것이다. 행위의 결과는 시행착오를 거쳐 학습되어 동종에 전파되고, 후손에게 대물림되었을 것이다. 이런 과정에서 생명체마다 고유의 특성이 만들어졌을 것이다. 그 결과, 오랜 경험으로 학습한 특성에 따라 나방은 빛을 향해 움직이고, 지렁이는 빛과 반대 방향으로 움직인다. 꿀벌은 꽃을 향해 비행하고, 연어는 강을 거슬러 헤엄친다. 이러한 특성은 종의 기본 특성이 되었다.

이처럼 생물의 생존 의지는 진화의 원동력이 되었다. 특히 두뇌 발달과 함께 생겨난 인간의 지성(생각 능력)은 오늘날과 같은 인류 문명을 이루어낸 원동력이 되었다. 따라서 변화는 생명체가 살아 있다는 생존 의지의 표현이며, 생명체에서 일어나는 생명활동 현상인 것이다.

둘째. 모든 생물은 변화를 싫어한다. '모든 변화는 엔트로피가 높아지는 방향으로 일어난다'는 열역학 제2법칙은, 자연에서 물질의 상태 또는 에너지 변화의 방향을 설명해 준다. 세포에서 일어나는 모든 변화, 즉 생명활동이 일어나기 위해서는 끊임없이 에너지가 필요하고, 더 큰 변화를 위해서는 더 큰 에너지가 필요하다. 이것이 세포뿐 아니라 인간을 비롯한 모든 생명체가 변화를 싫어하는 원인이며, 습관적 · 본능적으로 행동하는 이유가 아닐까 싶다.

인체를 보자. 인체는 왜 섭씨 36~37도에서 체온을 유지할까? 세포가 온도 변화에 매우 민감하기 때문이다. 세포가 가장 좋아하는 온도, 즉 생명활동이 가장 잘 일어나는 온도는 섭씨 36~37도다. 다른 어떤 요인보다 체온을 일정하게 유지하는 중요한 이유도 세포가 온도에 민감하기 때문이다.

인간이 집을 짓고, 동물들이 겨울에 동굴이나 땅속 생활을 하는 가장 큰 이유도 체온을 유지하기 위함이다. 사람이 집이나 동굴에 살듯이, 인체는 세포가 사는 공간이다. 사람들이 계절과 관계없이 실내 온도를 일정하게 유지하려 하듯, 세포들도 기온 변화와 관계없이 체온을 일정하게 유지하려 한다. 그러기 위해 세포들은 체계적이고 조직적으로 활동한다.

크고 작은 다양한 생명체가 사는 지구는 끊임없이 변한다. 그중에서도 지구온난화에 따른 온도 변화는 인류의 생존을 위협하는 심각한 현상이다. 끊임없는 지구환경의 변화는 생명체들에게 생존의 위협인 동시에 극복해야 할 과제다. 이런 상황에서 생명체들은 어떻게 할까? 그 답은 뒷장에서 이야기할 것이다.

이상에서 살펴보았듯이 끊임없는 생명활동, 즉 끊임없는 변화는 생물이 지닌 생존 의지의 표현이다. 그런데 생물은 변화를 싫어한다. 싫어한다기보다는 스스로 변화하기 어렵다는 말이 맞을지 모른다. 생물은 에너지 소비를 최소화해야 한다. 그러려면 최소한의 변화, 즉 최소의 생명활동으로 생존을 유지해야 한다. 이런 면에서 게으름은 생물의 생존 본능이라고 할 수 있다.

2. 생물은 세포로 되어 있다

생명체의 기본 단위, 세포

모든 생물은 세포로 이루어져 있다. 세포는 생명체를 이루는 기본 단위이며, 생명활동이 일어나는 최소 단위이다. 생물의 몸은 세포가 특징짓는다고 할 수 있다. 따라서 생물을 이해하고 내 몸을 알려면 세포를 먼저 알아야 한다. 우리는 건강하게 살고 싶어 한다. 몸이 건강 하려면 세포들이 건강해야 한다. 100조 개가 넘는 세포들이 생명활동을 잘해야 한다. 인체는 세포들을 위한 최적의 환경을 제공해야 하고, 세포들은 인체를 그런 상태로 유지하기 위해서 끊임없이 정보를 교환하며 상호 협력한다. 세포들은 무엇을 좋아하고, 어떤 것을 싫어할까? 여기서 '좋아한다'나 '싫어한다'는 표현은 그저 이해를 돕기 위한 것일 뿐, 실제로 세포는 좋아하거나 싫어하는 감정이 없다. 단지 세포들의 생명활동이 잘 일어나거나 잘 일어나지 못하는 조건을 말할 뿐이다.

세포의 구조와 기능

세포는 맨 바깥쪽을 둘러싸고 있는 막(세포막)에 의해 외부와 분리된다. 막은 세포가 기능을 수행하는 데 필요한 물과 다른 화학물질을 감싸고 있다. 세포는 여러 가지 물질을 합성하고, 합성한 물질은 세포 내의 필요한 장소로 보내거나 저장하고, 세포 밖으로 분비하기도 한다. 이러한 생명활동은 여러 세포소기관이

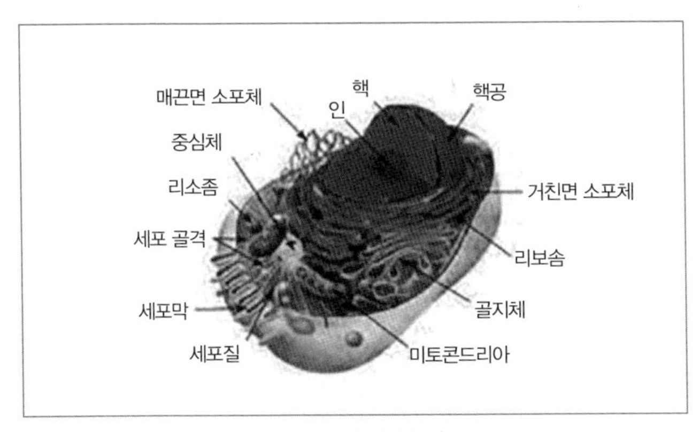

〈그림2〉 세포(진핵세포)의 구조

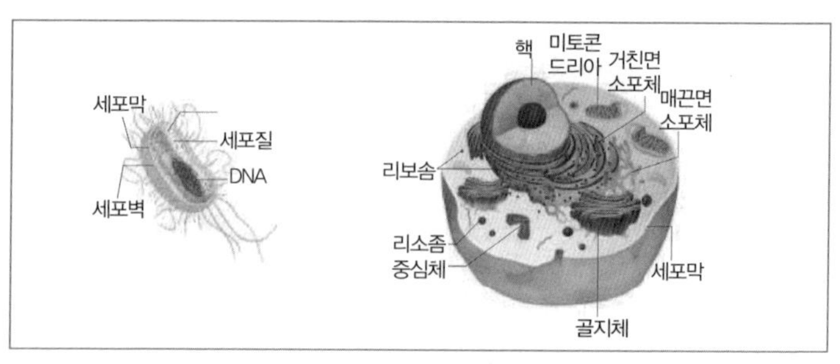

〈그림3〉 원핵세포(세균)와 진핵세포(동물세포)의 구조
원핵세포의 DNA는 막으로 둘러싸여 있지 않고, 진핵세포의 DNA는 2중막으로 된 핵 안에 있다.

유기적으로 긴밀하게 연관되어 작용함으로써 이루어진다.

단백질은 세포를 구성하는 주요 성분이며, 세포 내에서 일어나는 대부분의 생명활동에 관여한다. 단백질은 핵 속에 있는 DNA의 유전정보에 의해 합성되는데, 단백질에 의해 세포의 특성이 결정된다. 단백질은 온도가 변하면 구조가 쉽게 변하기 때문에 온도에 따라 기능을 잃기 쉽다. 생명체들이 온도에 민감한 이유다.

핵은 세포 구조와 기능을 결정하고, 세포의 생명활동을 조절하는 역할을 한다. 핵은 핵막으로 둘러싸여 있으며, 핵막에는 핵공이라는 작은 구멍이 있어 이곳으로 RNA, 단백질 같은 물질이 출입한다. 세포막 안쪽은 세포질로 채워져 있고, 리보솜, 소포체, 골지체, 미토콘드리아, 엽록체, 리소좀 등이 있으며, 이것들은 각각 세포의 생명활동을 위한 고유의 기능을 수행한다. 세포막은 세포를 외부와 구분 짓고, 다른 세포나 외부의 물질을 인식하는 등 다양한 기능을 한다. 세포막의 가장 중요한 기능은 세포 안팎으로 물질 이동을 조절하는 것으로, 물질의 종류에 따라 선택적으로 이동을 조절한다.

세포의 종류

세포는 매우 다양하지만, 구조나 기능에 따라 크게 원핵세포와 진핵세포로 분류한다. 원핵세포는 핵, 미토콘드리아, 색소체 같은 세포소기관이 없다.(〈그림3〉 참조) 마치 인간 사회의 핵가족이나 직원이 거의 없는 작은 기업과 같다. 작은 기업은 직원 수가 적어 한 직원이 여러 가지 일을 해야 하므로 일의 분업화나 조직화가 어렵다.

진핵세포는 핵과 막으로 둘러싸인 다양한 소기관이 있으며, 소기관은 생명활동에 필요한 고유의 기능을 담당한다. 마치 기업 전체를 부, 과로 나누어 업무의 분업화와 조직화가 잘 이루어진 대기업과 같다. 세포는 크기가 작지만, 살아 있는 우주라고 할 수 있다. 원핵세포로 된 단세포생물(원핵생물)로는 세균과 고세균이 있고, 이를 제외한 모든 생명체는 진핵세포로 된 진핵생물이다.

3. 생물은 환경을 떠날 수 없다

환경이란 생물의 주위를 둘러싸고 생물과 영향을 주고받는 모든 것을 말하는데, 좁은 의미로는 자연환경을 뜻한다. 자연환경은 곧 우리 삶의 근원이자 무대라 할 수 있다. 자연이 없으면 사람은 하루도 살지 못하기 때문이다. 따라서 자연환경은 지구 전체일 수도 있다. 그렇다면 지구는 어떻게 생겨났으며, 인간과 생물은 지구와 어떤 관계가 있을까?

지구의 탄생과 생물의 출현

지구가 태양계 일원으로 탄생한 시기는 지금부터 약 45억 년 전이라고 한다. 최초의 지구 내부가 핵, 맨틀, 지각으로 나뉘는 과정에서 해양과 대기가 생성되었다. 지구상에 최초의 생명이 출현한 것은 약 38억 년 전쯤이다. 생명이 출현한 이후, 지구는 갖가지 변동으로 대륙과 해양을 형성하였고, 생물계에는 점차로 고등 생물이 출현해 마침내 인류가 탄생했다.

과학자들이 말하는 지구의 탄생과 생물의 출현 과정을 살펴보면, 최초 생물은 원시 지구환경에서 출현한 원시 단세포 형태의 생물이었다. 원시생물의 출현으로 지구에는 유기물이 고갈되고, 이산화탄소가 증가했다. 이러한 환경에서 광합성을 하는 생물이 출현하였고, 이들로 인해 지구에는 산소가 생겼다. 산소의 생성으로 지구에는 유기물을 효율적으로 분해할 수 있는 유기 호흡 생물이 출현하였다. 이때부터 지구에는 급격하게 생물들이 늘어났고, 지구환경도 빠르게 변했다. 더욱이 인류의 출현으로 인한 산업, 문화, 과학의 발달은 지구를 무서운 속도로 바꾸면서 현재의 지구환경에 이르게 했다

생물은 지구환경을 떠난 적이 없다

지구가 탄생한 이후 원시 지구환경을 배경으로 출현한 최초의 생명체를 조상으로 하여 오늘날 지구상에는 다양한 생물이 살고 있다. 새로운 생물의 출현은 지구환경이 변할 때, 즉 새로운 환경에서만 가능했다. 물론 생물에 의해 환경이 바뀐 것도 사실이다. 그러나 그것은 생물이 생존한다는 전제 하의 일이다. 생물은 환경과 분리될 수 없고, 환경의 일부로만 존재할 수 있다. 생물 없는 환경은 가능하지만(이 경우는 환경이라는 말이 필요 없을 것이다), 환경 없는 생물은 존재할 수 없다.

인류를 비롯하여 지구상의 모든 생물은 지구를 떠나 존재할 수 없다. 지구와 한 몸이라는 뜻이다. 그런 면에서 지구상에서 일어난 생물의 출현과 진화는 지구 변화 과정의 일부라고 할 수 있다. 이것은 모든 생물의 진화와 적응이 지구와 분리되어 일어난 것이 아니라, 지구에서 일어난 변화의 일부임을 의미한다. 따라서 지구를 하나의 살아 있는 생명체라는 관점에서 본다면, 생물

의 출현과 진화 등 지구상에서 일어나는 모든 변화와 현상은 지구라는 대생명체 안에서 일어난 생명현상의 하나인 셈이다. 이는 우리 인체에서 일어나는 여러 가지 생명현상과 같다고 할 수 있다. 예를 들어 때로는 두드러기가 생겼다가 사라지는가 하면, 언제 생겼는지 알 수 없는 사마귀가 어느 날 보니 큼직하게 자라 있기도 하고, 알게 모르게 매 순간 일어나는 크고 작은 변화 가운데 암세포나 암 조직이 생겨나기도 하는 것처럼 말이다.

지구와 우리가 하나라는 또 다른 증거는 지구의 구성 성분과 인체의 구성 성분이 같다는 것이다. 생명체를 구성하는 물질과 환경을 구성하는 물질이 같다는 것은 이들 사이에서 물질이 순환하고 있으며, 동시에 이들이 하나의 물질계를 이루고 있음을 의미한다. 지구상의 모든 생물은 지구라는 환경 안에서 나타났다 사라지지만, 상태를 달리하여 여전히 동일한 물질계 내에 존재한다는 의미이기도 하다.

환경에 선택된 생물만이 살아남는다

생물은 환경과 분리될 수 없다. 그런데 환경은 끊임없이 변한다. 생물학에서 가장 흥미를 끄는 개념은 '어떻게 생물이 주변 환경에 그렇게 잘 적응하는가'다. 꽃 모양은 꽃가루를 옮겨주는 벌이나 곤충에 적합한 구조를 하고 있다. 어떤 생물은 자신을 은폐하려고 주변 환경과 같은 피부색을 띤다. 이외에도 적응을 보여

주는 예는 무수히 많다.

적응은 주어진 환경에서 생존과 번식을 가능하게 하는 유전적 특성이나 행동을 말한다. 이러한 적응 형질은 어디서 나오는 것일까? 과학자들에 따르면, 답은 자연선택에 있다. 그렇다면 한 개체군의 모든 자손 중에서 어떤 개체가 번식할 때까지 생존할까? 그것은 처한 환경에서 가장 잘 적응하는 개체다. 적응하지 못한 개체는 번식 전에 죽는다.

찰스 다윈(Charles R. Darwin, 1809~1882)은 1859년에 펴낸《자연선택에 의한 종의 기원》에서 '진화론'을 주장했다. 그중 '자연선택설'은 환경에 적응한 형질을 가진 개체가 살아남아 번식을 통해 자손에게 형질을 전달함으로써, 종족 유지는 물론 새로운 종으로 진화가 일어난다는 이론이다. 특정 환경에서 생존과 진화는 개체의 형질이 그 환경에 잘 적응한 형질이냐 아니냐에 따라 선택된다는 것이다.

다윈의 자연선택설은 당시 사회, 정치, 문화 전반에 큰 영향을 주었다. 적응과 진화가 단순히 개체의 처지가 아닌, 환경이라는 전체의 상황에서 일어난다고 주장하여 인류의 의식에 커다란 변화를 가져왔다. 필자 또한 자연선택설의 의미를 이해하면서 나와 내가 속한 공동체는 물론 환경을 보는 관점이 달라졌다.

3장

생물의 생존 전략

생물은 환경을 떠나 존재할 수 없다. 끊임없이 변하는 환경 속에서 생물은 어떻게 적응하여 살아남을 수 있었을까? 생물 진화에 원리가 있다면, 이는 아마도 생물의 생존 원리와 직접 연관될 것이다.

과학자들에 따르면, 지구가 탄생한 것은 약 45억 년 전이며, 단세포생물이 지구상에 출현한 시기는 약 38억 년 전이라고 한다. 현재 지구상에 생존하는 생물은 약 300만 종으로, 이들은 크게 단세포생물과 다세포생물로 나뉘며, 모두 같은 조상인 원시 단세포생물에서 진화하였다. 단세포생물이 지구에 존재한 시간은 지구 나이의 약 85퍼센트로, 지구상에서 가장 장수한 생물인 셈이다.

〈그림4〉에서처럼 지구 나이 약 45억 년의 시간을 하루로 나타내면, 단세포생물은 지구가 만들어지고 4시간 만에 생겨난 후

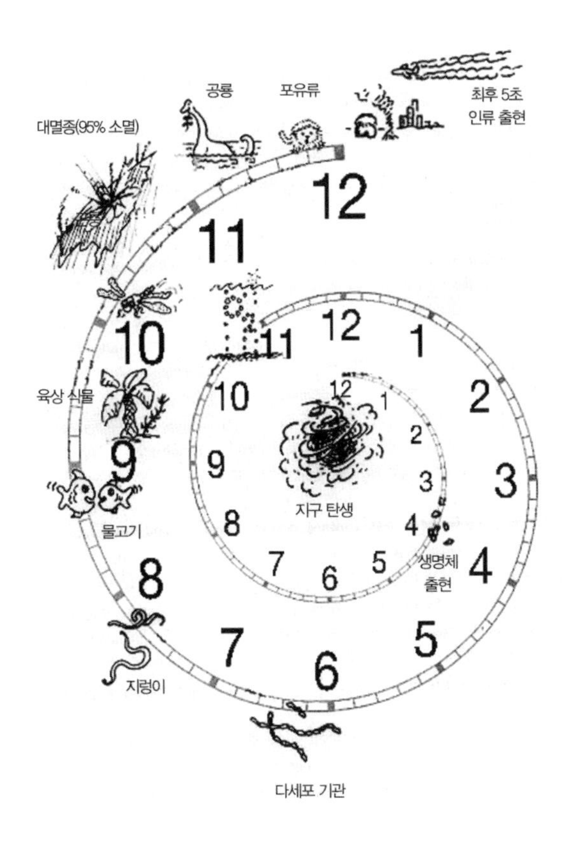

〈그림4〉 하루로 표시된 45억 년 지구의 역사(출처: 『Active Hope』)

현재까지 지구를 장악하고 있다. 반면에 현생 인류가 지구상에 생존한 시간은 고작 4초 정도다. 막 탄생한 것이나 다름없다. 공룡은 밤 11시경에 등장해 40분 정도 머물다 사라졌으며, 육지에 처음 식물들이 생겨나 자라온 시간도 고작 2시간 정도밖에 되지 않는다. 이에 비해 단세포생물은 가장 원시적인 생물 형태라 할 수 있는 단세포 원핵생물의 출현을 시작으로 지금까지 무려 20시간 동안이나 지구에 존재했다.

여기서 몇 가지 의문이 생긴다. 첫째, 지금까지 존재하는 단세포생물들은 어떤 방법으로 38억 년 동안이나 살아남았을까? 둘째, 단세포생물은 왜 그리고 어떻게 다세포생물로 진화했을까? 셋째, 오늘날의 다양한 다세포생물은 또 어떻게 생겨났을까? 필자는 이러한 의문에 답을 찾기 위해 생물이 환경에 적응하여 살아남기 위한 생존 전략을 찾아 보았다. 그리고 이것을 세포의 구조적 변화, 세포 생존 방식의 변화, 세포분열과 생식 그리고 대뇌의 발달과 정보의 저장이라는 네 가지 측면에서 생각해 보았다.

먼저 이 장에서는 앞의 3가지 생존 전략과 관련하여 생물이 어떻게 환경의 변화에 적응하여 살아남았는지 알아보았다. 그리고 대뇌가 발달하면서 생존과 관련한 정보를 저장하고, 저장된 정보를 최대한 효율적으로 활용하는 생물들의 생존 전략은 2부에서 다루려고 한다. 그럼 이제 생물의 적응과정에서 나타나는 생명체의 놀라운 지혜와 능력 그리고 생명의 신비를 알아보자.

1. 세포 구조를 바꾸다

끊임없이 변하는 환경 속에서 단세포생물은 38억 년이라는

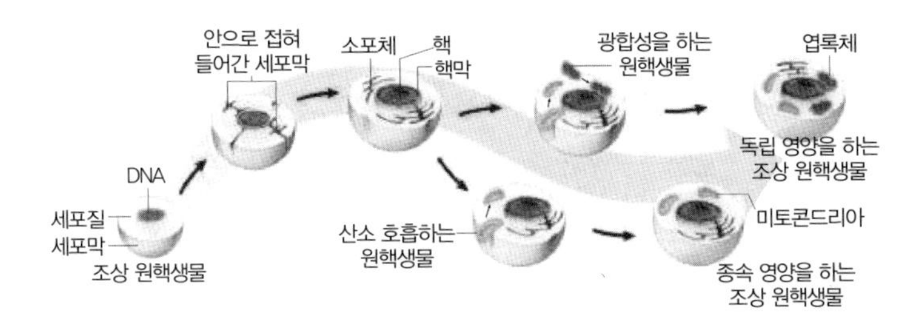

〈그림5〉 진핵세포의 출현과정
세포막 함입을 통해 막 구조를 가진 세포소기관이 생성되고, 여기에 산소 호흡을 하는 원핵생물이 세포 내 공생으로 동물 세포로 발전하고, 산소 호흡을 하는 원핵생물과 광합성을 하는 원핵생물이 모두 세포 내 공생으로 발전한 것이 식물 세포다.

오랜 기간을 어떻게 생존했을까? 과학자들은 세포 구조의 변화에서 그 해답을 찾으려고 했다. 지구에 최초로 출현한 원시세포는 아주 단순한 구조의 원핵세포였으나, 점점 구조가 복잡한 진핵세포로 진화가 일어났다고 보았기 때문이다. 이러한 세포의 구조적 변화를 설명하는 이론으로는 막진화설(세포막의 함입에 의해 세포 구조가 변화했다는 이론)과 세포 내 공생설이 있다. 세포 내 공생설(Endosymbiotic theory)은 린 마굴리스(Lynn Margulis, 1935~2011)가 처음 주장했다. 서로 다른 성질의 원핵생물이 생존을 위해 공존을 모색하다가 진핵생물로 진화했다는 가설이다. 이 가설에 따르면 원핵생물에게 먹힌 다른 원핵생물이 소화되지 않고 남아 있다가 공생하게 된 것이다.

원핵세포에서 진핵세포로의 구조적 변화를 통해 세포는 생명활동에 필요한 에너지를 효율적으로 생성하고 이용할 수 있게 되었다. 세포는 끊임없이 외부에서 에너지를 공급받아야 한다. 따라서 에너지 효율을 높일 수 있는 세포 구조와 체제는 세포의 생존과 진화에 매우 유리하게 작용했을 것이다. 이러한 관점에서 세포는 구조적인 변화를 통해 생존에 성공했다고 보는 것이다.

2. 생존 방식을 바꾸다

세균, 짚신벌레, 아메바와 같이 몸이 세포 하나로 된 생물을 단세포생물, 코끼리나 사람과 같이 몸이 수많은 세포로 된 생물을 다세포생물이라고 한다. 다세포생물은 단순히 많은 세포가 모인 세포 집합체라기보다는 세포라는 수많은 부품으로 이루어진 단일체라 할 수 있다. 여러 개의 톱니바퀴로 연결된 시침, 분침, 초침 그리고 태엽과 숫자판이 결합해 시계가 된 것처럼 다세포생물에서 세포들은 체계적 · 유기적으로 조직되고, 긴밀하게 연결되어 더 큰 몸을 이룬다. 이들은 형태와 기능이 비슷한 세포가 모여 조직을 이루고, 여러 조직이 모여 특정 기능을 하는 기관을 형성하며, 다시 여러 기관이 모여 독립된 구조와 기능을 가지고 생활하는 하나의 생명체, 즉 다세포생물로 발전했다. 그렇다면 다세포생물은 어떻게 탄생했을까?

다세포생물의 탄생

원시세포가 지구상에 출현한 이후 대부분의 세포들이 단세포성을 유지하면서 환경 변화에 맞게 세포의 구조를 변화시키거나 세포분열을 통해 생존을 유지해 온 반면, 일부 다른 세포들은 집단을 이룸으로써 생존해 왔다. 그것이 다세포생물의 탄생과 진화다. 단세포생물에서 다세포생물로의 진화는 세포 생존방식의 변화를 의미한다. 이는 세포 개체로서의 생존방식에서 공동체로서 집단 생존방식으로의 변화를 의미한다. 그렇다면 세포들은 왜 생존방식을 바꾸었을까? 왜 개체로서의 생존을 포기하고 집단 생존방식을 선택했을까? 집단을 이룸으로써 세포가 얻을 수 있는 이점은 무엇이었을까? 그리고 그것은 어떻게 가능했을까?

먼저 세포들이 집단 생존방식을 선택한 이유는 무엇일까? 거기에는 세포의 생존 확률을 높일 수 있는 3가지 이점이 있다.

첫째, 에너지 효율을 높일 수 있다. 집단생활을 하면 세포들이 생명활동으로 발생하는 열을 함께 공유할 수 있다. 이는 세포들의 에너지 효율을 높일 뿐만 아니라, 그들이 살아가는 집단 내 환경의 온도를 일정하게 유지할 수 있도록 해준다. 이는 사람의 경우 집안 여기저기에서 생활하며 발생하는 에너지(활동하면서 생기는 체열, 요리하면서 생기는 열, 각종 전열기구에서 발생하는 열 등)를 실내 난방에 재활용하는 것과 같다. 그 결과, 외부 환경의 급격한 온도 변화에도 실내 온도를 일정하게 유지할 수 있어 집안

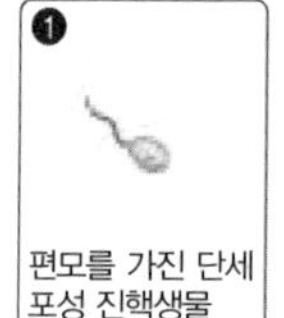

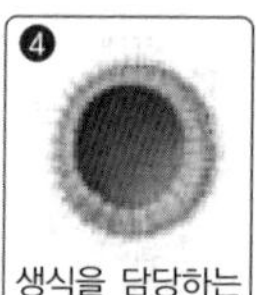

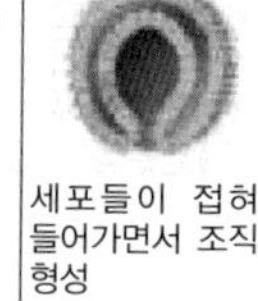

〈그림6〉 다세포생물의 출현과정

에서 안정된 활동은 물론 쾌적한 환경에서 일의 효율을 훨씬 높일 수 있는 것과 같다.

이처럼 세포는 집단생활을 통해 외부 환경의 변화에 최대한 영향을 받지 않으면서 세포 자신의 변화를 최소화하며 안정된 생명활동을 할 수 있었다. 이것이 바로 끊임없는 외부 환경의 변화에도 불구하고 세포들이 살아남을 수 있었던 비결인 셈이다. 변화를 싫어하는(에너지 소모를 최소화하려는) 생물의 특성을 보여주는 아주 뛰어난 생존 전략인 셈이다.

사람의 경우 인체는 세포들을 위한 완벽한 냉 · 난방 시설을 갖추었을 뿐 아니라 많은 위험으로부터 세포들을 보호해주는 맞춤형 안전시설의 역할을 한다. 그러나 인체 안에서 세포들은 끊임없이 정보를 주고받으며 분업과 협력, 상호 조절을 통해 인체 내의 온도, 압력, 삼투압 등의 조건을 일정하게 유지해야 한다. 그래야만 인체 안에서 안전한 생명활동을 보장받을 수 있기 때문이다.

둘째, 세포들은 집단을 이루어 큰 덩어리를 형성함으로써 포식자로부터 자신을 보호할 수 있다. 셋째, 집단을 이룸으로써 세포들의 운동 능력이 증가한다. 한 연구에 따르면, 세포가 집단을 이루면 운동 능력이 100배 이상 증가한다고 한다. 운동 능력의 증가는 곧 이동 능력의 증가를 의미하므로 먹이를 찾거나 쾌적한 환경으로의 이동을 쉽게 하여 세포의 생존력을 증가시킨다.

그렇다면 다세포생물의 탄생은 어떻게 가능했을까? 다세포생물의 세포는 크기, 구조, 기능에서 단세포생물과 많은 차이가 있다. 단세포는 단독으로 생명활동이 가능하지만, 다세포생물의 세포는 몸과 분리되어 단독으로 생명활동이 불가능하다. 그러므로 다세포생물은 단순한 세포들의 집합체가 아니다. 몸을 이루는 엄청난 수의 세포는 확실한 역할 분담에 따라 전체로써 하나의 완전한 생명체인 것이다. 그런 면에서 다세포생물의 탄생은 세포에 엄청난 변화를 요구하는 과정을 거쳐 이루어졌을 것이다. 하지만 이러한 변화를 이루어낸 세포들은 극히 제한적이었을 것이다.

사람을 보더라도 인체는 세포의 단세포성을 허용하지 않는다. 인체의 세포들은 발생 과정에서 단세포성을 잃었기 때문이다. 만약 단세포성을 회복해 단독으로 살아가려는 세포가 있다면, 그 세포는 인체에서 살아남을 수 없다. 자체적으로 제거되거나 인체의 균형이 파괴되어 인체가 소멸함과 동시에 그 세포도 소멸하게 된다. 이런 현상을 우리는 암이라는 질병으로도 설명할 수 있다.

다세포생물이 어떻게 탄생하였는지 이해하기 위해 인간이 태어나는 과정을 출생 전과 출생 후로 나누어 살펴보자. 출생 전 모체 내에서 일어나는 과정을 '발생'이라고 한다. 이는 하나의 수정란(정자와 난자의 수정으로 만들어진 하나의 세포)이 세포분열하여 조직과 기관을 형성하고, 태아의 모습을 갖추어 탄생하기까지를 말한다. 이때 수정란이 모체의 자궁벽에 착상하여 세포분열이 계속되는 동안, 딸세포들은 단세포생물과 달리 따로 분리되지 않고 모세포에 붙어서 군체를 형성한다.

처음에는 단순히 세포들이 모여 있는 덩어리 형태지만, 시간이 지나면서 세포들은 이동이 일어나고 모양이 달라진다. 세포는 '신체 일부분으로 기능'하기 위한 각자의 임무를 수행하며 전체라는 공동의 이익을 위해 움직인다. 태아가 성공적으로 태어나기 위해 모체는 생식기관뿐 아니라 모든 기관이 양분과 산소 공급은 물론 생명활동을 위한 안정된 환경을 제공하는 데 기여한다. 태아의 건강한 탄생을 위해서 모체의 건강이 필수적인 이유다.

출생 후의 과정(성장이라고 함)은 태아의 체세포들이 세포분열로 세포 수를 늘리는 과정이다. 양분을 공급하고 안전을 보장해주던 모체에서 분리된 태아가 성인이 될 때까지는 의식주 해결과 신체의 안전을 위해 부모나 보호자의 도움이 필요하다. 이때 아이들은 신뢰할 수 있는 사람의 관심과 사랑 그리고 안전한 주변 환경이 중요하다. 한 명의 인간을 완성하려면 부모뿐 아니라 환경 전체가 관여해야 한다는 것을 알 수 있다. 여기서도 인간은 개체로 분리되어 존재할 수 없다는 사실을 확인할 수 있다.

출생 전후 전 생애를 통해, 인체의 세포들은 각자 맡은 역할을 하며 긴밀히 연락하고 서로 협력한다. 인체는 공동의 이익을 위해서 세포의 자살행위가 일어날 만큼 철저히 전체의 이익이 우선시되는 활동만 허용한다. 이처럼 인체를 이루는 모든 세포는 '더 큰 생명체(인체)의 유지'라는 공적인 임무를 위해 사적인 희생을 끊임없이 강요당한다.

그러나 인체의 모든 세포는 생명활동에 필요한 고유의 기능을 수행하고 있는 유일한 세포이기 때문에 전체를 위해 없으면 안 되는 중요한 생명체들이다. 따라서 인체는 세포를 포함하는 동시에 세포로 이루어진 더 큰 생명체로서 세포들의 안전과 편의를 최대한 보장해야 한다. 세포의 생명활동과 인체의 생명활동이 별개가 아니라, 하나로서 동시에 유지되기 때문이다.

인체의 세포에는 원래의 단세포적 기능이 잠재되어 있다. 그러나 전체 이익을 우선시하여 특정 기능만을 주로 사용하는 동안 대부분의 기능을 상실해 단세포성을 잃어버렸다. 그래서 단독으로는 생명활동을 할 수가 없다. 전체 세포가 단일체로서 인체라는 보다 큰 생명체를 이루는 대신 서로에게 의존적인 관계가 된 것이다. 따라서 세포들은 인체와 분리되어 생존할 수 없고,

인체 안에서만 생존할 수 있게 된 것이다.

3. 시공간을 초월하다

생식은 시공을 초월하기 위한 생존 전략이다

생식은 생물이 다음 세대를 만드는 방식으로, 생물의 가장 큰 특징이다. 생식의 목적이 새로운 개체의 생성에 있는 만큼, 개체를 생성하는 방법 일체를 생식이라고 한다. 생물이 새로운 개체를 만드는 이유는 무엇일까? 여기서 잠깐 생각해 보자. 생물은 매 순간 생명활동을 하며 변한다. 그렇다면 생물은 매 순간 스스로 새로운 개체로 거듭난다고 볼 수 있다. 따라서 시간이 지남에 따라 누적된 환경의 변화에 적응하기 위해 생물이 일으키는 혁신적 변화의 과정에 과학자들이 붙인 이름이 생식이 아닐까 싶다. 즉, 생식이야말로 시공을 초월한 생물의 적응 전략이라고 할 수 있다.

새로운 개체를 만드는 생식 방법은 생물에 따라 다양하지만, 크게 무성생식과 유성생식 2가지로 나눌 수 있다. 아메바나 짚신벌레와 같은 단세포생물은 세포분열이 곧 생식이다. 이처럼 암수 생식세포의 결합 없이 새로운 개체가 만들어지는 생식 방법을 무성생식이라 한다. 이와 달리 사람을 비롯한 대부분의 동물은 암수 개체에서 생성된 생식세포가 결합하여 새로운 개체가 만들어지는데, 이를 유성생식이라 한다. 무성생식으로 생겨난 자손은 모체와 유전정보가 같으나, 유성생식으로 생겨난 자손은 부모와도 유전정보가 같지 않으며, 형제자매라도 유전정보가 다르다. 이처럼 유성생식에 의해 유전적으로 다양한 자손이 생기는 까닭은 생식세포의 형성과정(감수분열)이나 생식세포의 결합(수정)과 밀접한 관련이 있다.

그렇다면 생식이 어떻게 생존 전략이 될까? 생물은 생식으로 개체 수를 늘리고, 새로운 형질을 갖는 개체를 만든다. 생물은 왜 개체 수를 늘리고, 새로운 형질을 갖는 개체를 만들려고 할까? 바로 생존 의지가 있기 때문이다. 변화한 환경에서 생존할 수 있는 개체를 만들어 자신의 생명성을 유지하려는 것이다. 생명성의 유지, 즉 생존 목적에 부합한 방식이라는 측면에서 생식은 생물의 생존 의지의 표현이며 생존 전략인 것이다.

필자는 생식이라는 현상을 기준으로 생식 전의 부모 개체와 생식 후의 자손 개체를 서로 분리된 개체로 보지 않고 하나의 생명체로 보려 한다. 환경을 포함한 전체의 관점에서 보면 생식은 전체 안에서 일어나는 변화 과정의 일부다. 전체 관점에서의 이해는 이 책 전체를 통해 필자가 주장하고 있는 것이기도 하다.

세포분열은 모세포가 여러 개의 세포로 나뉘며 세포의 생존율을 높인다. 반면에 유성생식은 모세포에서 자손 세포를 만드는 것이 아니라, 부모 개체의 몸을 이루는 세포들의 공동 작업에 의해 집단을 대표하는 세포(생식세포)를 만들고, 이들의 결합에 의해 생긴 세포(수정란)가 분열하여 새로운 세포 집단을 만들며, 이들이 분화하여 새로운 자손 개체가 만들어진다. 유성생식은 모든 세포가 직접 생식에 참여하지 않는다는 점에서는 무성생식과 다르지만, 새로운 개체를 만들고 개체 수를 늘린다는 점에서는 같다.

현존하는 단세포생물인 세균(박테리아), 곰팡이, 조류(algae), 균류 등은 세포분열로 쉽고 간단하게 새로운 개체를 만들어 증식한다. 세포분열은 단순히 모세포가 나뉘어 둘 또는 그 이상의 새로운 세포를 생성하는 방법이다. 그렇다면 세포분열이 어떻게 세포의 생존에 유리할까? 그 이유는 세 가지다.

첫째, 세포분열을 통한 개체 수 증가는 개체 확산(이동)을 촉진한다. 대장균은 20분마다 분열한다. 12시간이면 1마리가 300억 마리 이상을 만들어 낸다. 사실 지구상에 분포하는 단세포생물은 양적으로 풍부할 뿐만 아니라, 생태학적으로도 매우 넓은 범위의 서식지에서 나타난다. 일부 세균은 거의 생물이 살기 힘든 조건에서도 생존한다. 이들은 세포분열을 통해 개체 수를 신속하게 증가시키고, 환경이 다른 주변 지역으로 개체 확산(이동)을 촉진하여 생존 확률을 높인다.

둘째, 진핵세포의 구조적 변화가 세포의 에너지 효율을 높였다면, 세포분열은 세포의 표면적을 증가시켜 더 많은 에너지원을 흡수할 수 있게 한다. 세포분열이 일어나는 이유를 물으면 과학자들은 세포 표면적을 늘리기 위해서라고 답한다. 세포가 자라면 부피 증가에 따라 필요한 물질의 양도 증가한다. 그러므로 필요한 만큼 물질을 흡수하려면 표면적을 넓혀야 한다. 세포가 둘 또는 그 이상으로 나뉠 때 표면적 증가율이 부피 증가율보다 높다는 사실은 간단한 수학과 실험으로도 증명된다. 따라서 세포분열은 분명히 세포의 생존에 부합하는 유용한 방법인 것이다.

셋째, 세포분열로 세포는 영원불멸성의 생존력을 가지기 때문이다. 필자가 이렇게 생각한 이유는 다음과 같다.

세포는 죽지 않고 다만 변할 뿐이다

세포분열에서 분열 전 세포를 모세포, 분열 후 세포를 딸세포라 한다. 우리는 세포분열 과정에서 모세포는 죽고 딸세포가 새로이 생성된다는 관점에서 지금까지 세포분열을 생식과 세대 교체의 개념으로 이해해 왔다. 하지만 과연 모세포는 죽어서 사라지고, 딸세포가 새로이 탄생한다고 볼 수 있을까? 여기에는 개체가 사라지는 현상을 '죽음'이라고 하고, 새로운 개체가 생겨나는 현상을 '탄생'이라고 하는 개념이 전제되어 있다. 이러한 개념의 전제 없이 세포분열을 세포의 생존 전략이라는 관점에서만 보면, 단순히 세포가 변화하는 과정에 불과하다.

그런데 우리는 왜 세포분열을 생식과 세대 교체의 과정으로 알고 있을까? 그렇게 배웠기 때문이다. 세포분열 과정을 처음으로 관찰한 과학자들은 그것을 설명하기 위해 자신이 아는 개념(부모, 자식, 죽음, 탄생 등)과 기존의 지식이나 정보를 이용해 이야기(우리는 이를 '이론' 또는 '학설'이라함)를 만들었다. 그들은 사람들이 공통으로 가진 개념을 이용하여 아주 그럴듯한 이야기를 만들어 냈고, 우리는 그들이 신뢰받는 과학자라는 이유로 비판 없이 받아들였다. 그것이 바로 우리가 배워서 아는 생물 지식이고, 우리가 가진 정보다. 이러한 개념에 관해서는 3부에서 자세히 설명할 것이다.

필자는 세대 교체라는 개념에서 벗어나, 새로운 관점에서 세포분열을 이해하려고 한다. 세포는 죽지 않고 다만 변화할 뿐이며, 세포분열은 세포의 영원한 생존력을 보여주는 현상이라고 말이다. 그렇게 하면 세포분열과 생식의 개념도 새롭게 정리된다. 세포분열은 하나의 세포가 여러 개의 세포로 나뉘는 현상이며, 생식은 개체 수의 증가와 함께 새로운 개체로 거듭나는 과정일 뿐, 여기에는 부모와 자손, 세대 교체, 죽음과 탄생의 의미를 포함할 필요가 없다고.

필자가 이렇게 생각하는 데는 두 가지 이유가 있다. 하나는 단세포생물에게는 노화에 의한 죽음이 없기 때문이다. 단세포생물의 세포분열은 횟수에 제한이 없을 뿐만 아니라, 분열로 인한 사체도 생기지 않는다. 단세포생물은 초월적인 번식 능력, 즉 단순히 여러 개의 세포로 나뉘는 능력이 있으며, 이는 영원히 사는 능력을 의미한다. 대장균 같은 단세포생물이 지금까지 38억 년 동안 끊임없이 변하는 환경 속에서도 생존한 비결이다.

또 다른 이유는 분열 전과 분열 후에 세포가 갖는 유전물질이 같고, 형질이 똑같다는 점이다. 과학자들은 이에 대해 모세포가 자손에게 유전물질을 그대로 물려주기 때문이라고 말한다. 그러나 유전물질의 전달은 변화를 싫어하는(최소화하려는) 세포가 자신의 형질을 유지하려는 방법일 뿐이다. 단세포생물인 짚신벌레는 생존 환경이 어려워지면 서로 유전물질을 교환한 후, 세포분열을 일으켜 더 나은 유전물질을 가진 새로운 세포로 변화하기도 하는데, 이것은 발전한 형태의 세포분열이다.

유성생식과 감수분열

사람을 비롯하여 동물과 식물 대부분은 유성생식을 한다. 유성생식은 무성생식보다 몇 가지 불리한 점이 있다. 그중 하나는 단세포생물들이 세포분열이라는 초월적인 번식 능력으로 생존하는 반면, 유성생식을 하는 개체는 단세포생물과 같은 개체 증식이 불가능하다는 점이다. 예를 들어 인체에서 모든 세포가 단세포생물처럼 세포분열을 해서 세포 수를 늘리면 인체는 존재할 수가 없다. 그래서 세포들의 분열 능력에 제한을 두고 생식 기능을 담당할 세포와 기관이 분화한다. 이는 분업화가 잘된 꿀벌 집단과 유사하다. 꿀벌 집단에서 여왕벌과 수벌은 생식 기능을 담당하는 반면, 일벌은 식량을 구하고 여왕벌이 낳은 알을 돌보는 일과 같이 집단 전체의 생존을 위한 일을 담당한다. 단순하긴 하지만 기관에 따라 기능이 분화한 인체와 체제가 비슷하다.

다른 하나는 이성을 찾고 구애하여 짝짓기를 하는 것과 같이 자손을 만드는 데 시간과 에너지가 많이 소요된다는 점이다. 자신의 유전자를 자손에게 그대로 물려주며 빠르게 번식하는 단세포생물과는 달리, 유성생식을 하는 다세포동식물은 개체를 이루는 전체 세포의 공동 작업으로 집단을 대표하는 형질과 그들을 대표하는 새로운 개체를 만들기 위해 복잡한 과정(감수분열과 수정 등)을 거쳐야 한다.

그런데 자연계에서 유성생식을 하는 생물들이 번성하는 이유는 진화적으로 분명히 이로운 점이 있기 때문이다. 유성생식은 암수의 유전자가 섞이는 과정에서 자손의 유전자 조합이 다양해진다. 유전적 다양성이 높은 생물 집단은 변화하는 환경에 적응하여 살아남을 가능성이 높다. 또한 유성생식은 해로운 돌연변이를 제거하는 데도 효과적이다. 유성생식을 하는 생물은 생식세포 형성과정이나 짝을 찾고 수정하는 과정에서 해로운 돌연변이 유전자가 배제될 수 있기 때문이다.

그렇게 보았을 때 무성생식을 하는 생물이 빠르게 증식하면서 수십억 년 동안 지구의 환경에 적응하며 진화해 왔다면, 유성

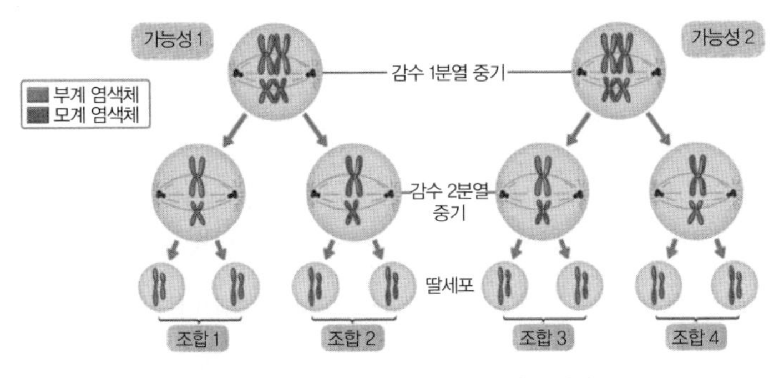

〈그림7〉 생식세포의 유전적 다양성 획득 원리

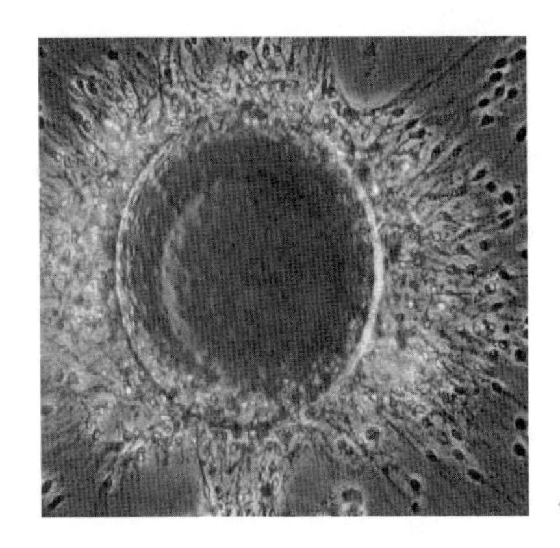

〈그림8〉 난자에 접근하고 있는 정자

생식을 하는 생물은 성의 이로운 점을 활용하여 진화해 온 셈이다. 따라서 생물의 성은 생명을 유지하는 데 필수라기보다는 진화 과정에서 선택한 방식이며, 생존을 위한 훌륭한 전략인 것이다.

그렇다면 이와 같은 생물의 놀라운 지혜는 어디서 온 것일까?

이미 말했듯이 유성생식은 많은 시간과 조건이 필요한 복잡한 과정이다. 그러므로 유성생식에는 생식 기간에 일어나는 누적된 환경 변화를 극복하기 위한 놀라운 전략이 숨어 있다. 감수분열이라는 생식세포 형성과 수정 과정이 그것이다. 이 두 과정을 거치면 다양한 유전자 조합을 갖는 다양한 형질의 자손을 만들 수 있다. 이를 통해 다세포생물은 더 큰 환경 변화에도 적응할 수 있는 형질을 갖는 새로운 개체를 얻어냄으로써 생존율을 높인다.

감수분열로 생기는 생식세포의 염색체 조합은 생식세포 분열과정에서 상동 염색체의 배열에 따라 다양해진다. 〈그림7〉과 같이 염색체 수가 2^n=4인 생물에서 형성되는 생식세포의 염색체 조합은 2^2=4가지다. 따라서 상동 염색체가 n쌍인 생물은 생식세포의 염색체 조합이 2^n가지가 된다. 또 자손은 암수 생식세포가 무작위로 결합하여 생기므로 자손에게 가능한 염색체 조합은 $2^n \times 2^n$가지로 많아진다. 이처럼 유성생식 생물은 생식세포 분열과정에서 상동 염색체의 무작위 배열과 분리, 생식세포의 무작위 수정으로 집단에 유전적으로 매우 다양한 개체들을 태어나게 한다. 이것이 집단의 유전적 다양성을 높여주고, 집단의 생존율을 높여 종을 유지하는 데 매우 유리하기 때문이다.

내가 바로 기적이다

사람의 생식세포는 정자와 난자다. 이들은 각각 정소(남자의 생식기관)와 난소(여자의 생식기관)에서 생식세포의 분열(감수분열)로 만들어진다. 이때 생식기관은 생식세포의 생성과 수정, 수정란의 난할과 착상에서부터 완전한 생명체(태아)가 되기까지 전 과정에 직접 참여한다. 다른 기관들은 생식의 전 과정이 성공적으로 일어나도록 생식에 간접적으로 참여한다. 인체의 모든 기관은 서로 유기적으로 긴밀하게 연관되어 있으므로 생식 측면에서도 모든 기관의 중요성에는 차이가 없다.

사람의 염색체는 46개다. 44개의 상염색체와 2개의 성염색체로 되어 있으며, 남자는 44+XY, 여자는 44+XX로 표시한다. 자손은 아버지와 어머니가 가진 46개 중 각각 23개씩의 염색체를 받아서 다시 46개의 염색체를 가진다. 같은 부모에게서 출생한 자식이라도 가질 수 있는 46개 염색체 조합은 경우의 수가 무수히 많다. 간단히 설명하면, 〈그림7〉과 같이 염색체 수가 $2^n=4$인 생물에서 생길 수 있는 생식세포의 종류는 $4(=2^2)$가지다. 따라서 사람은 상동염색체가 23쌍이므로 생식세포의 염색체 조합이 2^{23}으로 800만 가지 이상이 된다. 또한 자손은 이들 생식세포(정자, 난자)가 무작위로 결합(수정)하여 생기므로 자손에서 가능한 염색체 조합은 $2^{23} \times 2^{23} = 2^{46}$이다. 여기에 실제로 생식세포 형성과정에서 교차(감수분열과정에서 상동염색체 사이에서 유전자가 서로 교환되는 현상)가 일어나는 경우까지 고려한다면, 경우의 수는 상상할 수 없을 정도($2^{\&}$)다.

한 부모에게서 자식이 한 명 태어날 경우를 가정해 보자. 아이는 무한대 경우의 수 중 하나, 즉 거의 일어날 수 없는 기적과 같은 확률로 태어난다. 이는 부모에게서 내가 태어난 것 자체가 기적이라는 뜻이다. 게다가 부모가 있으므로 내가 있으니 부모 또한 기적에 의해 태어났고, 그 부모의 부모, 그 부모의 부모의 부모도 마찬가지다. 이렇게 따져보면 지금 내가 태어나 존재하기 위해 인류의 시원부터 지금까지 얼마나 많은 기적이 일어났단 말인가? 한 번의 기적도 일어나기 어려운데, 헤아리지 못할 만큼 연속된 기적의 결과로 내가 존재한다고 생각해 보라. 내가 얼마나 귀한 존재인지 짐작이나 할 수 있겠는가? 더욱이 한 번에 사정되는 수억 개의 정자 중에서 수억:1의 경쟁을 뚫고 선택되었다고 생각해 보라. 기적도 이런 기적이 없다. 이렇게 기적 같은 존재로 태어났는데도 우리는 자신을 어떻게 여기고 있는가? 무엇을 하고 있으며, 어떻게 살고 있는가?

4장

생물에게서 배운다

1. 세포들이 함께 사는 법

우리가 사는 세상은 인체를 그대로 확장한 것과 같다. 사람을 나타내는 한자어 '人'은 인간이 서로 의지하고 살아야 할 존재임을 뜻한다. 세포처럼 서로 분리될 수 없음을 나타낸다. 그리스 철학자 아리스토텔레스(Aristotle, BC384~BC322)의 말처럼 인간은 사회적 동물이다. 사회를 떠나 생존할 수 없다. 세포가 다세포생물이라는 새로운 생존방식으로 진화를 이루어냈듯, 인류는 집단생활을 하며 개인이 할 수 없는 엄청난 일들을 이루어냈다. 인류 역사를 보면 인간은 공동체 생활을 하면서 발전해 왔다. 그런 의미에서 단세포생물에서 다세포생물로의 진화는 많은 시사점을 준다. 앞으로 인류가 생존하기 위해 공동체 사회의 발전을 어떻게 도모하고, 그 속에서 개인은 어떻게 살아야 하는지 잘 보여준다.

단세포생물이 다세포생물로 진화한 과정을 세포 입장에서 생각해 보면 존재 방식의 혁명이다. 엄청난 용기와 인내가 필요한 과정이다. 또한 전체(또는 타인)를 향한 신뢰와 전체 이익과 개인 이익이 결코 둘이 될 수 없다는 믿음이 전제되지 않으면 일어날 수 없는 과정이다. 전체의 생존율을 높이면 개체의 생존 확률이 높아진다는 사실을 도대체 세포들은 어떻게 알았을까? 전체라는 공동 이익을 위해 세포들이 소통하며 협력하는 지혜는 또 어디서 왔을까? 다세포생물로의 진화는 인류가 앞으로 나아갈 방향과 관련해 다음과 같은 중요한 메시지를 준다.

① 버릴 수 있는 용기를 가져라

"봉위수기(逢危須棄)"라는 말이 있다. 바둑에서 많이 쓰는 말이다. 위기를 만났을 때 작은 돌을 살리려다가 대마를 죽이는 우를 범하기보다는 아낌없이 버리고, 다른 곳에서 만회를 꾀하라는 뜻이다. 세포는 다세포생물로 진화하려고 자신에게 있는 많은 기능을 버리거나 포기했다. 이것은 타인이나 전체를 향한 신뢰가 없으면 불가능한 일이다.

"인간은 사회적 동물이다"라는 말처럼 인류는 사회적 동물로의 진화를 선택했다. 사회나 국가의 구성원으로서 개인은 집단의 발전을 위함으로써 자신의 발전을 이루겠다는 잠정적 합의가 있었다는 뜻이다. 그러므로 우리는 자신이 속한 집단, 나아가 인류를 위하는 것이 자신을 위하는 일임을 알아야 한다. 개인은 전체 속에서 자신의 역할을 잘 수행할 때 전체와 함께 개인의 발전도 보장된다.

그렇다고 해서 전체를 위한다는 명목으로 개인의 희생을 일방적으로 강요해서는 안 된다. 세포가 존재함으로써 인체가 존재하고, 인체가 존재함으로써 세포가 존재하듯이, 전체와 개체는 결코 분리될 수 없다. 따라서 어느 한쪽이 다른 쪽을 위해 희생해도 안 되겠지만, 희생될 수도 없는 것이 전체와 개체의 관계다. 세포는 인체로부터 안전을 보장받을 때, 비로소 맡은 기능을 잘 수행할 수가 있다. 내 몸의 세포를 소중히 여기고 아끼는 것이 곧 내 몸을 소중히 여기고 아끼는 게 아니겠는가? 국가나 사회는 개인의 안전과 행복을 보장하는 일을 최우선 과제로 삼을 때 비로소 존재할 수 있다.

② 다름을 인정하고 수용하라

"나는 당신이 할 수 없는 일을 할 수 있고, 당신은 내가 할 수 없는 일을 할 수 있다. 하지만 함께라면 우리는 멋진 일을 할 수 있다." _마더 테레사

마더 테레사가 한 이 말은 사회적 동물로의 진화를 선택한 인간에게 꼭 필요한 말이다. 우리 몸의 세포는 모두 모양이 다르다.

역할이 다르기 때문이다. 따라서 중요하지 않은 세포가 없다. 더 중요하거나 덜 중요한 세포도 없다.

이와 마찬가지로 80억 인구가, 심지어 일란성 쌍둥이조차도 모양과 생김새가 다른 것은 각자의 특성에 맞는 일과 역할이 있다는 의미다. 개인은 전체 속에서 맡은 고유한 역할이 있다. 그래서 전체 구성원은 모두 다를 수 밖에 없다. 누구나 전체 속에서 유일한 존재며, 소중한 존재다. 개인차는 전체에서 할 일이 다르다는 뜻이다. 다름은 당연하고, 없어서는 안 될 소중한 것이다. 여기서 다름이란 중요도나 가치의 차이를 의미하지 않는다.

우리는 다르므로 비교할 수 없다. 다름은 수용 대상이지 비교 대상이나 판단 대상이 아니다. 다름을 인정하고 허용할 때 비로소 모두가 같아지고 평등하다. 다름을 인정할 때 모두 최고가 되고, 유일한 존재가 된다. 다름을 인정할 때 서로 존중하고 감사하며, 함께 행복할 수 있다.

우리 인체에는 100조 개가 넘는 세포가 있지만 같은 세포는 하나도 없다. 이유가 뭘까? 이것은 필자가 교사 시절 세포 단원을 가르칠 때 학생들에게 던졌던 질문이다. 친구들과 비교하여 우월감이나 열등감을 가질 필요가 없다는 점을 말해 주고 싶었다. 누구나 소중한 존재라는 사실을 알려주고 싶었다. 타인과 경쟁하지 말고 자신과 경쟁하여 성장하고 발전하라고 말해 주고 싶었다. 우리는 끊임없이 자기를 성찰하며 스스로 성장하고 발전해야 한다. 비교하거나 경쟁하지 말고 인정과 허용을 기본으로 소통하고 협력해야 한다.

③ 부분과 전체는 분리될 수 없다

우리는 가끔 "닭이 먼저냐, 달걀이 먼저냐?"와 같은 질문을 한다. 필자는 그 답이 늘 궁금했다. 이 질문은 "세포가 중요한가, 내 몸이 중요한가?"라는 질문과 같다. 이제 필자는 답을 찾는 일보다 질문을 어떻게 해석할 것인가가 더 중요하다는 것을 안다. 그것이 우리에게 최선의 방향을 제시하기 때문이다.

우리에게는 언제부터인지 문제가 생기면 문제에 맞는 답을 찾으려는 습관이 생겼다. 그렇다 보니 문제 자체를 살펴보려고 하지 않는 경향이 있다. 필자가 학교에 근무할 때 학생들에게 자주 한 말이 있다. "문제만 잘 읽고 이해만 해도 거의 답을 찾을 수 있다"가 그것이다. 이 말을 학창 시절 한 번쯤은 들어보았을 것이다. 우리는 살아가면서 많은 문제와 마주한다. 그럴 때는 답을 찾기보다 문제부터 찬찬히 살펴보는 것이 중요하다. 관점을 달리해서 문제를 해석하다 보면 의외로 좋은 결과를 얻을 수 있다. 심지어 문제가 안 된다는 사실을 깨닫기도 한다.

다세포생물의 탄생과 함께 세포는 전체의 일부분이 되었고, 전체와 분리될 수 없게 되었다. 그래서 세포는 인체와 분리될 수 없다. 인체는 세포를 위해 존재하고 세포는 인체를 위해 존재함으로써, 함께 존재할 뿐만 아니라 함께 성장하고 발전한다. 그렇지 않으면 모두 소멸할 것이다. 세포와 인체는 크기는 다르나 본질은 같다. 과학자들은 세포 하나로 인간을 복제할 수 있다고 한다. 이것은 세포 하나에 인체를 만드는 데 필요한 모든 정보가 들어 있다는 의미다. 아울러 세포와 인체는 본질이 다르지 않다는 것을 뜻한다.

다시 "세포가 중요한가, 내 몸이 중요한가?"라는 물음으로 돌아가 보자. 우리 몸은 세포로 되어 있다. 세포 하나하나에 의해 몸의 특성이 결정된다. 만약 세포가 내 몸을 결정한다는 관점에서만 보면 몸보다 세포가 더 중요해지고, 몸에서 일어나는 모든 일은 세포 탓이 된다. 자연스레 체질적으로 그렇게 타고났다느니 어쩔 수 없다느니 하며 핑계를 댈 것이다. 그러면서 내 몸 관리에 소홀하거나 스스로 한계를 짓게 된다. 하지만 인체가 세포의 직접적인 환경이라는 점을 생각하면, 세포는 내 몸의 상태에 영향을 받는 존재가 되고, 그만큼 몸은 중요해진다. 부모에게 받은 몸을 소중히 하라는 공자님의 말씀 "신체발부 수지부모(身體髮膚 受之父母)"의 의미도 이해할 수 있게 된다.

그렇다면 자신의 몸과 세포를 위해 우리는 무엇을 할 수 있을까?

첫째, 내 몸을 최적의 상태로 만들고 유지하는 일이다. 최적의 상태란 내 생각이나 느낌으로 보았을 때 편안하다거나 기분 좋은 상태가 아닌 세포의 생명활동을 위한 최적의 상태를 말한다. 그러려면 체온을 유지하고, 일정량의 수분도 유지해야 한다. 무엇보다 양질의 음식물을 충분히 섭취해 세포들이 생명활동을 하는 데 필요한 양분을 충분히 공급해 주어야 한다.

둘째, 몸을 안전하게 관리하는 일이다. 사고를 당하거나 상처를 입어서 신체 일부가 손상되면 인체뿐 아니라 세포의 생존이 위협을 받는다. 몸 전체를 건강한 상태로 유지하는 일은 몸을 온전히 보전하는 것까지를 포함한다.

셋째, 세포들에게 늘 감사와 사랑의 마음을 갖는 것이다. 에모토 마사루(Masaru Emoto, 1943~2014)는《물은 답을 알고 있다》에서 사랑과 감사의 말이 물의 결정 형태를 바꾼 실험을 소개했다. 우리 몸은 약 70퍼센트가 물이다. 세포는 생명체다. 사랑과 감사의 말은 세포와 물을 더욱 건강하고 아름답게 만들고, 세포와 물은 다시 우리 몸을 건강하고 아름답게 만든다. 내 몸을 잘 돌보는 일이 세포들을 위한 일이고, 세포들을 위한 일은 동시에 내 몸을 위한 일이다. 세포와 몸은 우선순위가 없다. 모든 것에 순위를 매기려 하는 것은 우리의 오래된 잘못된 습관이 아닐까?

2. 세포들의 소통법

인간은 사회적 동물이다. 공동체 속에서 삶은 곧 관계다. 좋은 관계가 좋은 삶을 만든다. 좋은 관계를 위해서는 대화가 필요하다. 대화의 중요성을 자주 강조하는 이유다. "가는 말이 고와야 오는 말이 곱다", "말 한마디로 천 냥 빚을 갚는다", "아 다르고 어 다르다"와 같은 우리말 속담은 좋은 관계를 위해 말을 신중하게 해야 한다는 점을 강조한다.

이 장에서는 세포를 통해 알게 된 소통 방법을 말하고자 한다. 세포들이 대화한다고 하면 의아할 것이다. 끊임없이 변하는 환경에서 살아남기 위해 세포는 주변 환경과 끊임없이 소통한다. 물질을 주고받는 것 외에도 기온, 압력 같은 무기환경적 조건들에 맞게 세포 내부에서도 변화가 일어나야 하기 때문이다. 그뿐 아니라 생명체가 공동체를 이루려면 구성원들 간에는 신뢰를 바탕으로 한 분업과 협력이 성공적으로 작동해야 한다. 그러기 위해서는 구성원 간은 물론이거니와 주변 환경과도 원활히 소통해야 한다.

그렇다면 세포는 어떤 방법으로 소통을 할까? 인간의 소통과는 무엇이 다를까? 여기서 소통은 상호작용의 의미로 이해해도 될 것 같다.

세포에는 소통 수단이 없다

국민 MC 유재석은 "말을 혀로만 하지 말고, 눈과 표정으로 말하라"고 했다. 미국 영화배우 제임스 홈즈는 "소통의 예술은 리더십의 언어다"라고 했다. 체세포들은 인체라는 환경 안에서 함께 살아가는 운명공동체다. 건강한 인체는 세포의 생명활동을 위한 최적의 환경이 된다. 따라서 세포 소통(정보 전달)의 최종 목적은 인체를 건강한 상태로 유지하는 데 있다.

소통은 상호작용이며, 두 개체 간에 일어나는 정보의 전달이다. 세포 간 소통에는 생각이나 언어 같은 수단이 필요하지 않다. 온도, 압력, pH, 전기 · 화학적 변화 등 세포 내외에서 일어나는 변화가 곧 소통이자 대화이다. 즉, 세포 간 소통은 한쪽에서 변화가 일어나면 그것이 원인이 되어 다른 쪽에서 변화가 일어나는 것이다. 하나의 변화가 시공간을 달리하여 변화를 일으키는 것이 세포들의 소통이다.

올바른 소통이란 정확한 정보 전달을 의미한다. 그런 의미에서 세포들의 소통은 완벽하다. 그들은 자신을 있는 그대로 드러내고, 드러난 그대로 수용함으로써 정보를 정확하고 완벽하게 전달한다. 전달이라기보다는 서로 통한다고 할 수 있다. 필자가 생각하기에 세상에서 가장 정직하고 솔직한 소통법이 아닐까 싶다.

세포에 비하면 인간의 소통은 완전 빵점이다. 인간의 소통 수단은 주로 언어다. 언어로 자신을 있는 그대로 표현하기는 불가능하다. 게다가 인간은 자신이 무엇을, 어떻게 표현해야 할지 잘 모른다. 안다고 해도 표현에 한계가 있다. 그러니 어떻게 완벽하게 정보를 전달할 수 있겠는가? 또한 상대는 나의 언어를 다시 자기의 언어로 재해석한다.

이처럼 언어라는 소통 수단은 정보를 2차, 3차로 왜곡시킨다. '정확한 정보 전달'이라는 소통의 목적과 거리가 점점 멀어진다. 이러니 상대가 나를 이해하지 못하고, 내가 상대를 이해하지 못하는 것은 당연하다. 그런데 인간은 자신의 마음이나 의도가 상대에게 100퍼센트 전달되었을 것이라 착각한다. 그래서 상대가 자기 마음을 이해하지 못한다고 답답해 하거나 탓하고 원망한다.

세포는 튀김옷을 입히지 않는다

세포와 인간의 소통에서 가장 크게 다른 점은 무엇일까? 세포는 생각하지 않는다. 언어가 필요하지도 않다. 소통을 위해 생각하거나 말할 필요도 없다. 상태나 변화가 그대로 '통해서' 알기 때문이다. 소통은 서로 통한다는 뜻으로, 통(通)은 '하나임' 또는 '연결되어 있음'을 뜻한다. 그래서 소통은 무엇(매체)으로 전하거나 전달하는 것이 아니라, 그냥 통하는 것이다. '통하는' 데에는 사실 아무것도 필요 없다. 이미 하나로 연결되어 있기 때문이다.

인간은 생각하는 능력을 통해 언어를 사용한다. 언어를 이용해서 정보나 감정을 전달하려고 한다. 전달이나 전해진다는 것은 이미 분리된 것 사이에서 일어나는 일임을 전제로 한다. 그래서 이들 사이를 채우거나 매개하는 무엇인가가 필요하다. 인간이 언어를 만들어 낸 이유도 나와 분리된 대상과 소통하기 위해서다.

말을 해야 상대가 알고, 말을 해야 마음이 전달된다고 생각하는 것처럼 소통은 대부분 언어에 의존한다. 인간의 소통에는 모두 분리되어 있다는 생각이 전제되어 있다. 이것이 하나로 '통'할 수 없는 이유다.

생각이라는 과정을 거쳐서 나오는 언어(말)는 표현에 한계가 있다. 생각과 언어의 사용은 소통의 가장 큰 장애 요소다. "인간은 생각하는 동물이다"라는 말처럼, 인간은 늘 생각한다. 사실을 있는 그대로 보지 않는다. 끊임없이 사실에 생각을 덧붙인다. 판단하고 분별하면서 이렇다, 저렇다, 이래야 한다, 저래야 한다는 등 자신의 생각을 덧씌워 사실을 왜곡한다. 그리고 생각에 의해 왜곡된 사실은 다시 언어적 한계에 의해 더욱 한정되어 버린다.

받아들이는 상대는 또 어떤가? 거기에 다시 자신의 해석과 분별로 이야기를 덧붙인다. 마치 이름뿐인 오징어튀김처럼 된다. 이렇게 두세 번 튀김옷을 입히면, 이름은 오징어튀김인데 맛은 밀가루와 기름 맛뿐, 주객이 바뀐 튀김이 되어 버리는 것이다.

1980년대 유행한 TV 프로그램 중에 '가족오락관'이 있다. 이 프로그램에서 진행했던 재미있는 게임이 있었다. 그 게임은 팀의 첫 번째 사람에게 미션이 주어지면 마지막 사람에게까지 릴레이식으로 그 내용을 전달하는 것이었다. 이때 언어를 사용하지 않고 동작만으로 미션의 내용을 전달해야 했다. 그런데 첫 번째 사람에게서 다음 사람에게로 전해질 때마다 그 내용이 달라져서 마지막 사람에게 전달되었을 때는 전혀 엉뚱한 내용이 되어 버렸다. 미션을 전달하는 과정에서 그 내용이 변해 가는 것을 보며 얼마나 웃었는지 모른다. 지금 생각해 보니 그 게임에서 나타난 현상이 우리들의 일상과 다를 바가 없다는 생각이 든다.

그럼 처음부터 끝까지 같은 내용을 전달하려면 어떻게 해야 할까? 간단하다. 처음 표현된 그대로 전달하면 된다. 그런데 사람들은 그렇게 하지 않는다. 추측과 판단, 자기 생각이라는 튀김옷을 자꾸 입혀서 본래 내용을 알 수 없게 만들어 버린다. 자기 생각을 덧씌워 왜곡된 정보를 전달하는 것은 문제와 혼란만 일으킬 뿐이다. 차라리 하지 않는 것만 못하다.

3. 인간의 소통, 무엇이 문제인가?

생물학에서는 생물에게 반응을 일으키는 모든 환경 변화(또는 유기체에 작용하는 물리적 에너지)를 '자극'이라 하고, 자극에 의해 생물이 일으키는 변화를 '반응'이라고 한다. 따라서 소통은 자극과 반응이라고 할 수 있다. 그런데 사람들은 자극에 그대로 반응하지 않는다. 소통이 제대로 되지 않는 것이다. 왜일까? 사람들이 생각이라는 튀김옷을 입혀 사실을 왜곡하기 때문이다. 그러면 '대화할 때 생각을 하지 말란 말인가?', '생각하지 않고 어떻게 대화를 할 수 있어?' 하고 반문할지도 모르겠다. 여기서 인간의 생각하는 능력을 다시 생각해 보자. 생각은 분명히 인간만이 가진 위대한 능력이다. 정상적인 대뇌를 가지고 사는 한 인간은 생각하지 않을 수 없다. 그러나 의식하지 않은 생각은 사람을 혼란에 빠뜨리거나 고통스럽게 만든다.

사람은 대부분 생각 때문에 어려움을 겪는다. 자신도 모르게 올라오는 생각 때문에 당황스러울 때도 많다. 인간은 생각에서 벗어날 때 비로소 생각하는 능력을 지녔다고 할 수 있다. 그러기 위해서는 나와 생각의 관계를 알고, 생각이 어떻게 일어나는지를 아는 것이 중요하다. 생각에 관해서는 뒤에서 좀 더 자세히 다루기로 하고, 먼저 여기서는 소통의 장애 요인에 대해 알아보자.

① 생각이 소통을 방해한다

소리를 예로 들어보자. 우리는 소리가 들리면 소리에 반응하는 것이 아니라, 그 소리를 생각하기 시작한다. 어떤 소리인지, 무슨 소리인지, 그리고 과거의 경험에서 그 소리와 관련된 온갖 느낌이나 감정까지 끌고 와서 해석이나 분석하면서 자신만의 이야기를 만들기 바쁘다. 정작 그 소리로 해야 할 체험(일어나야 할 반응)은 하지 못하고 모두 놓쳐버린다. 우리는 들려오는 소리에 반응하는 것이 아니라, 소리와 함께 일어나는 생각, 그리고 그 생각에 따라 일어나는 느낌이나 감정에 반응한다. 듣고 싶은 소리에 들뜨고, 듣기 싫은 소리에 낙담하고, 지루한 소리는 무시하는 것이 사람 심리의 뿌리 깊은 패턴이다.

우리는 좋은 소리, 싫은 소리, 좋지도 싫지도 않은 소리로 분석하는 대신 소리 자체를 듣는 일에 집중하면 더욱 분명하고 생생하게 소리를 들을 수 있다. '있는 그대로 듣는다'는 것은 소리 자체에 반응하는 것이다. 소리를 분별(좋다/ 싫다 또는 ' ~ 소리'라는 생각)하여 따라가지 않는 것이다. 칭찬하는 소리를 들어도 '소리 자체'에 집중할 뿐 으스대거나 들뜨지 않는 것이다. 소리에 따라 일어나는 생각, 감정, 느낌에 반응하는 습관을 알아차리고 그 습관에서 벗어나면. 들려오는 소리가 어떤 소리든 단지 청각을 자극하는 어떤 변화에 지나지 않는다는 앎 가운데 평화롭고 고요한 마음 상태를 유지할 수가 있다. 이런 마음 상태에서 들으면 소리를 정보 그 자체로 받아들일 수 있다. 그러면 우리는 소리를 통해 생생하게 살아 있는 체험을 할 수가 있다.

② 사람은 강한 자극에 노출되어 있다

세포는 자극을 주면 반응한다. 세포가 반응하려면 일정 크기 이상의 자극이 있어야 한다. 반응을 일으킬 때 필요한 최소의 자극 세기를 '역치'라고 한다. 자극의 강도를 높이면 세포의 역치가 증가하므로, 강한 자극을 받는 세포는 자극의 강도를 아주 높여야만 반응을 한다. 조용한 곳에서는 작은 소리도 듣지만, 시끄러운 곳에서는 큰 소리로 말해야 들을 수 있는 것이나, 여름밤 잠자리에 들기 전에는 큰 소리로 들리던 모기 소리가 낮에는 들리지 않는 것은 이 때문이다.

현대 사회는 강한 자극이 넘쳐나고 있다. 주위를 둘러보라. 우리는 TV나 매스컴의 자극적인 영상에 얼마나 익숙한가? 처음 만난 사람, 처음 보는 것이나 자극이 큰 것에는 집중해도 자연 풍경이나 늘 만나는 사람의 얼굴과 같은 담담한 자극에는 흥미를 느끼지 못한다.

1960~1970년대 어린 시절을 보낸 어른들은 한결같이 못 먹고 못살던 시절이지만, 그때가 더 행복했다는 말씀을 많이 하신다. 필자도 어린 시절 잘 먹지 못하고 좋은 것을 갖지는 못했지만, 산에서 나물 캐고 냇가에서 멱 감던 시절이 좋았다고 생각한다. 그때 우리는 작은 것에도 만족하고 살았던 것 같다. 풀 한 포기, 나무 한 그루에도 만족하고, 그것들이 주는 행복을 느꼈다. 아니 만족/불만족, 행복/불행이라는 생각조차 없이 그냥 좋았던 것 같다.

옛날 사람들은 비 오는 소리나 물 떨어지는 소리 같은 자연의 소리에 흥미를 느끼고, 몰입했다. 지금 여기 있는 것에서 멋을 느낄 줄 알았다. 그러나 현대에 와서는 어떤가? 주위에 격렬한 자극이 넘쳐나고, 그만큼 사람들도 계속 강한 것을 원하기 때문에 미세하고 소소한 자극에는 관심조차 주지 않는다. 오늘날 소득이 낮은 나라 국민의 행복 지수가 더 높은 이유도 여기에 있지 않을까 싶다.

코이케 류노스케(Koike Ryunosuke, 1978~)는《생각 버리기 연습》에서 '들린다'를 '듣다'로 '보인다'를 '본다'로 바꾸어 오감을 개발하면 얼핏 별 볼 일 없어 보이는 것에서도 충만한 느낌을 받을 수 있다고 했다. 의식 센서를 단련하여 오감에 입력되는 데이터를 제대로 깨달을 수 있어 짜증이나 불안도 사라지고, 차츰 성격도 개선되어 특별히 강한 자극이 없어도 지금 여기서 충만한 느낌을 받을 수 있다고 했다. 하고 싶은 것이 아니라 해야 할 일에 집중할 수 있게 된다고 했다.

우리도 평소에 감정을 자극하지 않는 평범한 것들에 관심을 가지는 연습을 할 필요가 있다. 예를 들어, 음식을 먹을 때 느끼는 맛에 관심을 집중해 보자. 맛에 초점을 맞추어 관심을 집중하면 음식에서 의외로 색다른 맛을 느낄 수 있다. 이런 연습은 무디어진 감각을 깨우고, 세상의 미세한 변화를 인식할 수 있게 해준다. 이렇게 감각이 발달하면 지루하고 따분하게 느끼던 일상에서 상쾌함과 신선함, 나아가 충만한 기쁨을 느낄 수 있다.

4. 세포처럼 소통하려면?

전달하지 말고 하나로 통해야 한다

세포처럼 소통하려면 어떻게 해야 할까? 사람들은 세포가 분리되어 독립적으로 존재할 수 있다고 생각한다. 그래서 세포와 세포 아닌 부분으로 나누고, 세포 관점으로 세포 아닌 것(세포 밖)에서 일어나는 변화를 '자극', 세포에서 일어나는 변화를 '반응'이라고 말한다. 그리고 일어난 순서에 따라, 자극에 따라 세포가 반응을 일으켰다고 생각한다. 소통은 일종의 자극과 반응이다. 세포는 자극이 자신을 바꾸도록 허용할 뿐이다. 그리하여 일어나는 변화가 '반응'이고, 반응이 세포 안에서 일어날 뿐이다.

인체를 예로 들어보자. 인체에서 일어나는 크고 작은 생명현상들은 모두 세포 또는 세포 아닌 것에서 일어난다. 세포 아닌 부분에서 어떤 현상이 일어나면, 그것이 원인이 되어 세포에서 변화가 일어난다. 인체 입장에서는 세포에서 일어나든 세포 아닌 부분에서 일어나든 모두 인체 안에서 일어나는 현상일 뿐이다. 서로 밀접하게 연관되어 일어나는 생명현상인 것이다. '자극' 이나 '반응'도 이런 생명활동 현상에 붙인 이름에 불과하다.

태풍의 경우를 생각해 보자. 인간은 태풍이라는 현상이 인간과 별도로 존재해서 피해를 준다고 생각한다. 하지만 전체인 자연에서 보면 '태풍', '인간', '피해'라는 것도 서로 연결되어 조건이 되면 나타났다 사라지는 현상일 뿐, 이것들은 결코 분리되어 존재할 수 없다.

인체에서 세포들이 분리되지 않고 하나이듯, 자연 안에서 인간과 모든 것이 분리되지 않고 하나이듯, 소통은 하나 안에서 일어나는 현상이어야 한다. 이미 하나인 우리의 마음이 생각이나 언어를 거치지 않고 서로 통할 때 우리도 세포처럼 소통할 수 있지 않을까? 그러기 위해서 필자는 다음을 제안한다.

생각에 반응하지 말고 자극에 반응하라

동물은 자극을 주면 자극에 반응할지, 반응하지 않을지, 그리고 어떻게 반응할지를 생각하지 않는다. 대뇌가 없거나 발달하지 않았기 때문이다. 입력 정보에 따라 출력되는 결과가 항상 같다는 뜻이다. 그러나 대뇌가 유난히 발달한 인간은 자극을 받으면 생각을 한다.(대뇌의 생각 작용은 2부에서 다룰 것이다.) 생각은 뇌에 저장된 기존의 정보를 이용해 자극 정보를 해석하고 분석하는 과정이다. 하나의 생각은 또 다른 생각과 느낌과 감정을 동반하고, 그것들은 연이어 꼬리에 꼬리를 물고 이어져, 대개는 고통이나 걱정 같은 부정적인 감정반응으로 연결된다.

예를 들어 주변에서 시끄러운 소리가 들리면, 동물들은 단순히 소리에 반응하거나 소리를 무시하거나 둘 중 하나다. 그러나 사람은 소리가 들리면 '저게 무슨 소리일까?'로 시작해 '저 소리는 예전에 내가 ○○할 때 들었던 소리인데' 또는 '누구와 함께 있을 때 들었던 소리인데' 하고 생각한다. 그러고는 함께 있던 사람을 생각하기도 하고, 그 소리와 관련된 좋지 않은 기억이 떠올라 짜증이나 화를 내기도 하며, 마침내는 "듣기 싫어. 제발 좀 조용히 해!" 하고 소리칠지도 모른다.

사람들은 자극을 받으면 자극에 반응하지 않고 자극과 관련되어 일어나는 생각, 느낌, 감정에 반응한다. 자극에 반응하는 것이 아니라, 자극을 끊임없이 생각하고 분별하고 판단한다. 그래서 좋은 것/나쁜 것, 받고 싶은 것/받고 싶지 않은 것 등으로 나눈다. 그러고는 '그것을 원한다/원하지 않는다'는 온갖 생각들이 꼬리를 물고 일어나면서 느낌과 감정의 소용돌이 속을 헤맨다. 그래서 매 순간 중요한 '사실'을 놓치고, 사실과는 상관없는 생각 속에서 선택할 때가 많다.

그러면 생각하지 말라는 것인가? 다음 장에서도 말하겠지만, 우리는 생각하지 않을 수 없다. 해석과 판단이 필요할 때는 생각을 해야 한다. 예를 들어 고장 난 자동차가 자신을 향해 달려오고 있다면, 얼른 알아차리고 피해야 한다. 이런 상황에서 생각하지 않는다면 어떻게 되겠는가? 생각은 매우 필요하며, 인간이 가진 매우 유용하고도 뛰어난 능력이다. 다만 필요할 때 적절하게 사용하지 못하는 것이 문제다.

자극은 분노를 일으키거나 마음을 혼란스럽게 하거나 기분을 좋게 하거나 즐겁게 하는 등 다양한 느낌과 감정을 일으킨다. 그러므로 평소에 욕심이나 분노를 불러일으키는 자극보다는 감정을 일으키지 않는 평범한 자극에 관심을 가지라고 말하고 싶다. 예를 들어, 걸을 때 주위 경관을 무심히 흘려보지 말고 걸음을 옮길 때마다 눈앞의 풍경에 관심을 가져 보라. 늘 보던 지루한 풍경도 신선해 보이고, 집중력도 커진다. 보통 때는 미처 알아차리지 못한 미미한 차이에 민감해져 인지력과 주의력이 높아지고, 마음이 맑아지는 것을 경험하게 된다.

상대를 관찰하라

소통이 쉬워진다는 말은 더욱 정확하게 정보를 전달한다는 뜻이다. 소통을 쉽게 하려면 상대를 정확히 알 필요가 있다. 이때 상대의 표정 관찰이 중요하다. 표정으로 상대 마음을 읽을 수 있기 때문이다. 말이나 행동으로 분노나 욕심, 번뇌를 숨기려 해도 얼굴에 나타나는 것까지 감추기는 쉽지 않다. 상대 눈을 보면 상대가 불안해 하는지, 걱정하는지, 기뻐하는지 알 수 있다. 상대를 잘 관찰하면 마음 밑바닥에 깔린 상대 마음을 볼 수 있다. 상대가 전하고자 하는 내용을 알고, 상대에게 필요한 도움도 줄 수 있다. 서로에게 불필요한 시간 낭비도 줄여준다.

생각을 사실로 착각하고 생각에 휘말리는 것, 사실(현상)에 생각(이야기)을 덧붙이는 것은 인간의 오랜 습관이다. 하지만 사실과 생각을 분리하고 생각을 알아차리는 연습을 통해 사실에 생각을 덧붙이지 않을 수 있고, 생각에 휘말리지 않을 수 있다. 우리가 세포처럼 소통하기 위해서는, 즉 생각의 방해를 받지 않으려면 무엇보다 자기 생각에서 벗어나야 한다. 생각의 본질을 깨닫고 생각에서 벗어나기 위한 연습을 해야 한다. 아울러 상대를 향한 열린 마음과 관심도 필요하다.

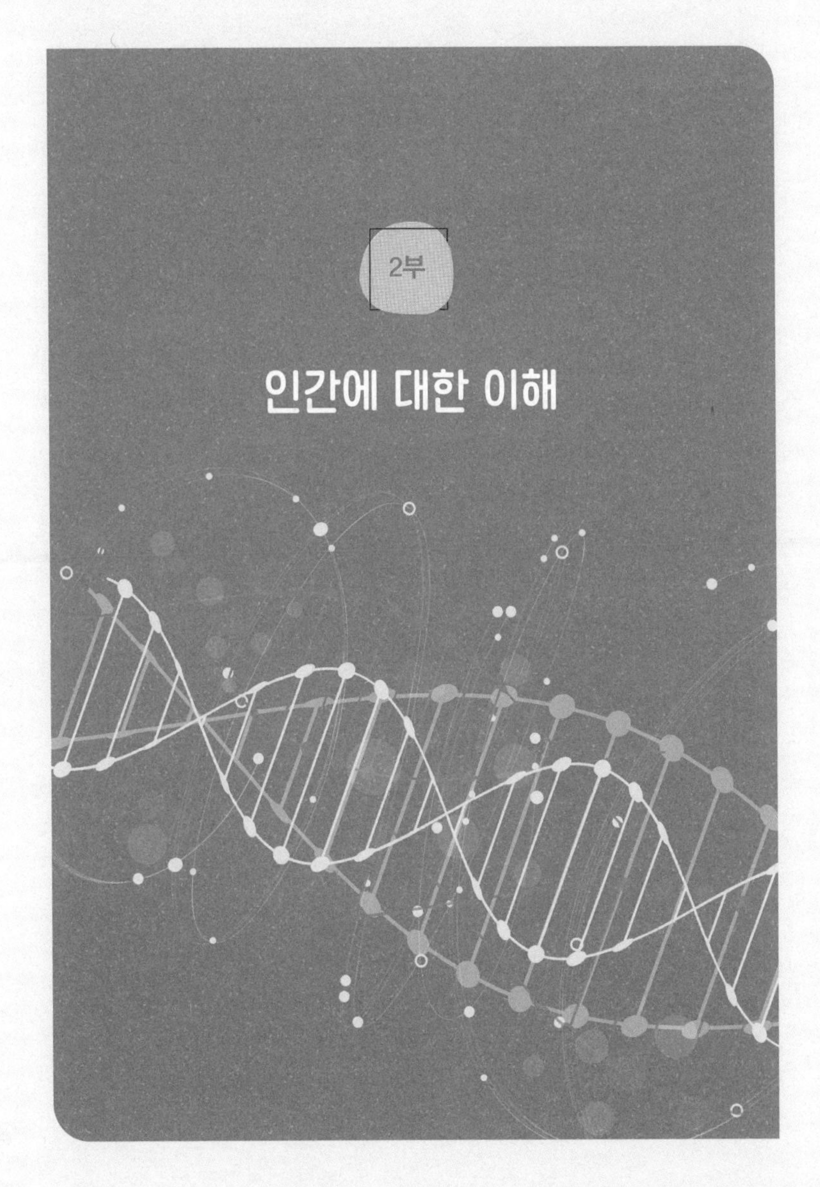

2부

인간에 대한 이해

1부에서는 우리 삶과 관련된 일반적인 생물학적 지식을 중심으로 이야기했다. 2부에서는 인체를 올바로 이해하고, 인간이 어떤 존재인지 말하고자 한다. 인체의 구조와 기능, 균형과 조화를 위한 조절 작용, 대뇌의 작용 등을 통해 인체가 얼마나 신비로우며, 인간이 얼마나 경이로운 존재인지 말하려고 한다. 특히 5장에서는 인체를 중심으로 한 인체의 신비를, 6장과 7장에서는 인간이 속해 있는 지구(우주)가 하나의 살아 있는 생명체임을 알고, 인간과 지구, 인간과 환경의 관계를 바르게 이해하며, 지구 생태계 안에서 인간의 위치와 역할과 중요성을 생각해 보았으면 한다. 그리고 인간이 환경의 동물이지만 생각하는 능력을 가지고 능동적, 적극적으로 변화를 이끌 수 있는 존재라는 점도 생각해 보기를 바란다. 8장에서는 세포와 인체에 대한 통찰적 이해를 바탕으로 '나'라는 개체적 관점이 어떻게 생기는지, 그리고 삶이 힘들고 고통스러워진 원인을 알아보고, 고통에서 벗어나려면 어떻게 해야 하는지 생각하면 좋겠다. 2부에서 인간의 생각하는 능력을 다시 한번 생각해 보고, 생각하는 능력을 지닌 우리가 얼마나 위대하고 경이로운 존재인지 알았으면 한다.

5장
인체와 나

1. 인체의 신비

우리는 우리 몸을 너무 모른다. 몸을 이루는 세포의 놀라운 능력과 인체에서 일어나는 신비롭고 경이로운 현상은 더욱 알지 못한다. 매일 음식을 먹으면서도 왜 먹어야 하는지, 먹지 않으면 왜 배가 고픈지, 음식이 몸에 들어가면 어떻게 되는지, 내 몸에서 일어나는 일이지만 아는 게 거의 없다.

내가 소화하는 줄 알지만 소화는 저절로 일어난다. 내가 숨을 쉬는 줄 알지만, 조금만 생각해 보면 스스로 숨이 쉬어지고 있다는 사실도 알 수 있다. 우리는 자신의 몸을 전혀 모르면서 몸으로 하려는 것이 너무 많다. 내 몸이라고 해서 내 마음대로 될 것 같지만, 안 되는 것이 의외로 많다는 것을 경험하고 나면 그 생각들이 착각이었다는 것을 알게 된다. 그렇다. 우리는 많은 착각 속에

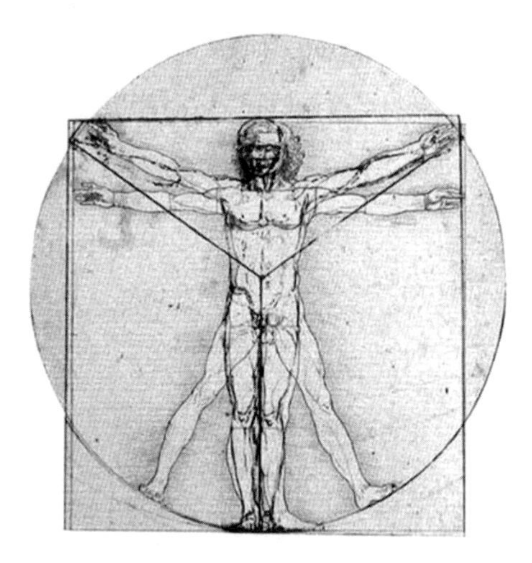

〈그림9〉 레오나르도 다빈치의 '비트루비우스 인간'

살고 있다. 건강한 삶을 위해서 먼저 이러한 착각에서 깨어날 필요가 있다.

다이어트뿐 아니라 건강을 위해서 우리가 잊고 있는 가장 중요한 것이 있다. 이미 앞에서 눈치챘겠지만 몸은 자연의 일부로서 이미 완벽하다. 세포뿐 아니라 모든 생명체는 정말 놀라운 능력을 가지고 있다. 더 놀라운 것은, 우리 몸을 이루는 모든 세포에 이 놀라운 능력이 있다는 사실이다. 그런데도 사람들은 자신의 몸을 믿지 못한다. 세포와 자신이 어떤 존재인지 모르기 때문이다. 그래서 필자는 생물을 알고 내 몸을 알아야 한다고 주장하고 있는 것이다.

인체는 우주의 축소판

1490년 레오나르도 다빈치(Leonardo da Vinci, 1452~1519)는 '비트루비우스 인간'이라는 유명한 그림을 남겼다. 이 그림에서 원은 우주를, 정사각형은 지구를 상징한다. 즉, 우주와 지구의 중심은 인간이며, 인간을 아는 것은 곧 우주를 이해한다는 의미를 담고 있다. 고대부터 내려온 '인간 소우주론'의 연장선상에서 한 생각이며, 르네상스 시대 인간관이기도 하다.

한의학에서도 인체를 소우주에 비유한다. 허준(許浚, 1539~1615)의 《동의보감》에 따르면, 하늘에 봄-여름-가을-겨울이라는 사시가 있듯, 인간에게는 두 팔과 두 다리의 사지가 있고, 우주가 변화하는 원리와 인체가 변화하는 원리는 동일하다고 한다.

1985년에 하버드 스미스소니언 천체 물리학 센터의 과학자들은 그동안 밝혀진 우주의 별자리 데이터를 슈퍼컴퓨터에 입력한 결과, 인간의 형상이 나왔다고 발표했다. 최근에는 우주와 은하계의 구조가 인간의 뇌와 신경전달물질과 매우 닮았다는 새로운 연구 결과도 발표하였다.

이탈리아 볼로냐대학의 천체 물리학자 프랑코 바자(Franco Vazza)와 베로나대학의 신경외과 교수 알베르토 펠레티(Alberto Feletti)는 은하의 우주망과 뇌의 신경세포망 사이의 다른 점과 같은 점을 조사한 결과, 가장 복잡한 두 시스템은 규모 면에서는 엄청난 차이가 있지만, 구조는 놀라울 정도로 유사하다는 사실을 발견했다. 알베르토 펠레티 교수는 〈신경망과 우주망 사이의 양적 비교〉라는 논문에서 은하와 뉴런이 유사한 물질적 원리에 따라 진화한다고 보고했다.

인체와 우주의 공통점은 과학 기술에서 실제로 응용되기도 한다. 천문학에서 사용하는 방법을 유방암과 피부암의 조기 발견에 활용하는가 하면, 신체 내부 정보를 얻는 데 활용하기도 한다. 이와 반대로 두뇌 스캔 기술을 활용해 별자리의 3차원 구조를 확인하는 등 의학에 사용하는 기술을 천문학에 활용할 때도 있다. 그렇다면 정말 인체와 우주는 유사한 걸까? 실제로 많은 과학자들이 인체가 우주의 축소판이며, 우주는 인체를 확장한 것과 유사하다고 말하고 있다.

인체의 구조와 기능

테니스나 등산 같은 격렬한 활동을 할 때뿐 아니라 누워 있거나 잠잘 때도 몸은 에너지를 사용한다. 세포의 생명활동에는 끊임없이 에너지가 필요하기 때문이다. 이를 위해 우리는 음식물을 섭취하고 숨을 쉰다. 세포는 섭취한 음식물의 영양소를 분해하여 에너지를 얻는다. 그렇다면 음식물 속 양분과 에너지는 어떻게 온 몸의 세포들에게 전달될까?

인체가 건강하려면 인체를 구성하는 세포들이 끊임없이 생

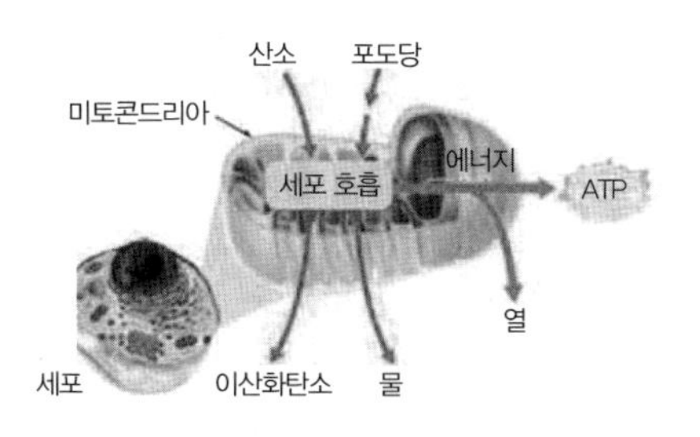

〈그림10〉 세포호흡과 ATP의 생성
포도당이 세포질을 거쳐 미토콘드리아에서 산소와 반응하여 이산화탄소와 물로 분해되며 이 과정에서 ATP가 생성된다.

*세포 호흡의 반응식: 영양소 + 산소 + 물 → 이산화탄소 + 물 + 에너지(ATP) + 열

명활동을 해야 한다. 100조 개가 넘는 세포들이 균형과 조화를 이루며 정한 위치에서 맡은 기능을 정확하게 수행함으로써 생명활동을 유지하는 것이야말로 인체의 신비이자 생명의 신비가 아닐 수 없다.

여러 종류의 세포는 모여서 하나의 독특한 기능을 수행하는 기관을 형성하는데, 서로 연관된 기능을 하는 기관들이 연결된 부분을 '기관계'라고 한다. 기관계에는 소화계, 호흡계, 순환계, 배설계, 면역계, 감각계, 신경계 등이 있다. 이들 기관계와 세포들이 서로 긴밀하게 연결된 이유는 생명활동에 필요한 물질을 신속하게 운반하고, 체내의 상태를 일정하게 유지하기 위해서다.

세포들이 생명활동에 필요한 에너지를 얻기 위해서는 영양

소와 산소가 필요하다. 그리고 세포호흡으로 생성된 이산화탄소와 같은 노폐물을 제거해야 한다. 몸은 외부에서 영양소와 산소를 흡수해 세포에 공급하고, 세포호흡 결과 생성된 노폐물을 체외로 배출한다. 세포에 필요한 에너지는 음식물을 통해서 제공된다.

인체에서 일어나는 일과 이때 기관계들이 하는 일을 간단히 살펴보자. 소화계는 음식물 속의 영양소를 세포가 흡수할 수 있도록 작게 부수고, 분해해서 몸속으로 흡수하는 일을 한다. 입으로 섭취한 음식물이 소화기관을 지나는 동안 녹말은 포도당으로, 단백질은 아미노산으로, 지방은 지방산과 모노글리세리드로 분해된다. 분해된 영양소는 대부분 소장에서 흡수되어, 혈액을 따라 온 몸의 세포로 운반된다.

호흡계는 세포호흡에 필요한 산소를 흡수하고, 세포호흡으로 생성된 이산화탄소를 체외로 배출한다. 숨을 들이마실 때 외부의 공기가 코와 기관, 기관지를 거쳐 폐로 들어오고, 폐에서 산소는 폐포의 모세혈관으로 이동해 혈액을 따라 세포로 운반된다. 이때 세포에서 생성된 이산화탄소는 혈액을 따라 폐포로 운반되어 숨을 내쉴 때 몸 밖으로 배출된다. 이때 폐에서는 산소와 이산화탄소의 기체 교환이 일어난다.

순환계를 이루는 심장과 혈액은 물질의 운반을 담당한다. 심장에서 나온 혈액은 온 몸에 퍼져 있는 혈관을 따라 순환하며 물질을 운반한다. 소화계는 흡수한 영양소와 호흡계에서 흡수한 산소를 조직세포에 공급하고, 조직세포에서 나오는 이산화탄소, 물, 암모니아와 같은 노폐물을 호흡계와 배설계로 운반해 몸 밖으로 배출하도록 한다. 세포는 혈액이 운반해 온 양분과 산소를 이용해 필요한 에너지를 얻는다. 호흡으로 들이마신 산소는 세포가 양분을 분해할 때 사용된다. 혈액 속 노폐물은 혈액이 신장을 지날 때 걸러져서 오줌으로 배출된다. 신장은 노폐물을 제거할 뿐만 아니라 여분의 물이나 무기염류를 오줌과 함께 배출함으로써 체액 농도를 일정하게 유지하는 역할을 한다.

이처럼 세포에 필요한 양분과 산소를 운반하고, 세포에서 생성되는 노폐물을 체외로 배출하기 위해 기관계와 세포들은 매우 긴밀하게 연결되어 있다. 놀라울 정도로 체계적이고 조직적이다. 100조 개가 넘는 세포들이 한 치의 오차도 없는 완벽한 협력 시스템을 갖춘 셈이다. 하지만 어떤 부위의 세포에 문제가 생기면, 그 세포를 포함한 기관은 제 기능을 수행할 수 없다. 한 기관이라도 제 역할을 수행하지 못하면 나머지 기관들도 정상적으로 작동할 수 없으므로 건강을 유지할 수 없거나 생명활동을 계속할 수 없다. 이러한 현상에 붙인 이름이 '죽음'이다.

그렇다고 해서 두려워하거나 걱정할 필요는 없다. 몸은 스스로 문제를 진단해 보완하거나 수정하는 능력을 갖추고 있기 때문이다. 세포와 인체가 언제든 일어날 수 있는 오류까지 완벽하게 대비하고 있으며, 오류조차도 필요 때문에 만들어졌다는 사실은 생명의 신비가 아닐 수 없다. 어쩌면 인간이 오류라고 생각할 뿐 실제로는 그것조차 필요한 과정일지도 모른다.

우리 몸은 자연의 일부다

생물은 환경과 분리될 수 없다. 우리 몸이 자연의 일부라는 사실은 인체와 지구의 구성 원소를 보아도 짐작할 수가 있다. 지구 지각의 98.4퍼센트는 산소, 규소, 알루미늄, 철, 칼슘, 나트륨, 칼륨, 마그네슘으로 구성되어 있으며, 이는 인체를 구성하는 원소와 동일하다. 특히 산소는 지구 질량의 46.6퍼센트, 인체에서는 체중의 약 65퍼센트를 차지하며, 지구의 지각과 인체에서 가장 풍부한 원소다.

우리 몸은 음식 섭취, 소화와 배설, 호흡 작용을 하며 끊임없이 환경과 물질을 교환한다. 뿐만 아니라 우리가 인식하거나 인식할 수 없는 많은 자극들을 끊임없이 받아들이고, 이에 따라 반응을 일으킨다. 이렇게 몸은 한순간도 쉬지 않고 외부 환경과 상호작용을 한다. 한마디로 인체는 자연과 분리할 수 없는 자연의 일부인 셈이다.

자연의 완벽함은 인체에서도 잘 드러난다. 인체는 물질 교환과 기체 교환, 물질의 합성과 분해를 하며, 스스로 필요한 물질은 흡수하거나 합성하고, 필요 없는 물질은 분해 또는 배출한다. 필요한 만큼 흡수하고, 여분의 양은 인체가 허용하는 한도에서 저장하고, 남는 것은 체외로 배출한다. 저장하는 형태도 인체의 구조와 기능을 고려해 가장 효율적이고 가성비가 높은 상태로, 가장 적당한 곳에 저장한다.

예를 들면, 음식물 속의 영양소는 인체의 필요한 곳에 필요한 형태로 보내져 사용한다. 여분의 에너지는 중성지방 형태로 전환하여 피하나 복부에 저장한다. 이때 세포들의 주된 에너지원은 포도당이다. 그렇다면 세포들이 사용하고 남은 포도당을 그대로 저장하지 않고, 굳이 중성지방 형태로 전환해 저장하는 이유는 뭘까? 중성지방은 가장 적은 부피로 가장 많은 에너지를 저장할 수 있는 유기물이다. 마치 1억 원을 보관할 때, 10원이나 100원짜리 소액권보다 5만원 짜리 고액권으로 보관하는 것과 같다.

그렇다면 피하나 복부에 저장하는 이유는 뭘까? 은행에 저축할 때도 안전성과 이율을 따져서 전체적으로 가장 이익이 많은 금융기관과 금융상품을 선택하는 것처럼, 인체는 지방의 성질과 인체의 필요를 모두 고려해 저장소를 결정한다. 지방은 열전도성이 낮아 단열효과가 크다. 따라서 지방을 피하(피부 아래층)에 저장하면 체온을 일정하게 유지하는 효과가 있어 1석 2조인 셈이다.

또한 복부는 소화기관과 장기들이 모여 있어 음식물 소화

작용을 비롯한 많은 화학반응이 일어나는 곳이다. 따라서 온도에 민감한 효소들이 많아 효소의 활성도를 유지하기 위해 온도 유지가 필요한 곳이다. 이러한 복부에 지방을 저장하면 효과는 1석 2조를 넘어 몇 배가 된다.

이렇게 인체는 가장 효율적이고 완벽한 방법으로 생명활동을 한다. 찬 음식을 많이 먹거나 배를 차게 했을 때 복통이나 설사를 하는 이유도 낮아진 온도 때문에 소화 효소가 작용하지 못하기 때문이다. 이외에도 인체의 신비로움과 경이로움은 말로 다 표현할 수가 없다.

2. 인체와 건강

최근 인간 수명 100세가 큰 화두로 떠오르고 있다. 그래서일까? 건강에 관한 온갖 이야기가 시중에 넘쳐난다. 무엇이 올바른 정보인지, 어떤 것이 내게 필요한 정보인지 혼란스럽기만 하다. 그럴수록 우리가 기억할 것이 있다. 바로 기본이다. 건강과 관련해 가장 기본은 균형과 조화다. 수많은 세포의 결합으로 이루어진 인체는 여러 층위의 조직들이 유기적으로 연결되어 있고, 연결의 수는 상상을 초월한다. 그 때문에 같은 현상이라도 사람이나 상황에 따라 원인이 다를 수 있고, 다른 현상으로 이어진다.

그래서 한의학에서는 질병을 치료할 때 병의 직접적인 원인보다는 몸의 전체적인 조화와 균형을 맞추는 데 집중한다. 실제로 질병의 대부분은 일부 세포나 일부 조직, 일부 기관이 제 기능을 하지 못해 조화와 균형이 깨질 때 나타난다. 조화와 균형이 깨지는 원인이 노화일 수도 있으나, 대부분은 감염이나 잘못된 생활 습관 때문이다.

신경과 호르몬에 의한 조절 작용

수많은 세포로 이루어진 인체가 건강을 유지하기 위해서는 이들 사이의 조화와 균형이 절대적으로 필요하다. 세포와 세포, 조직과 조직, 기관과 기관 사이의 균형과 조화를 유지하기 위해 세포들은 끊임없이 서로 상호작용하며 활동을 조절한다. 인체는 이를 유지하려고 외부 환경과도 끊임없이 상호작용을 한다.

균형과 조화를 이루기 위한 인체의 조절 작용은 매우 복잡하다. 하지만 그 원리는 간단하다. 외부 환경의 변화와 관계없이 체온, 혈당량, 삼투압 등의 체내 상태를 일정하게 유지하기 위한 작용이기 때문이다. 이것을 '항상성'이라고 하며, 이는 주로 신경과 호르몬에 의해 조절된다.

인체는 더운 날에는 땀을 흘려 몸을 식히고, 추운 날에는 신체를 떨게 만들어 열을 생성한다. 이런 메커니즘이 작동하는 것은 우리의 체온을 항상 36.5도 전후로 유지하기 위해서다. 그리고 음식이 넘어갔을 때 기침이 나는 것은 기도로 들어간 음식을 밖으로 뱉어내기 위해서고, 지나치게 많이 먹으면 기초대사량이 올라가는 것은 체내의 에너지량을 일정하게 보존하기 위해서다. 또한 짠 음식을 먹었을 때 갈증을 느끼고 물을 많이 마시는 것은 체액의 농도를 일정하게 유지하기 위해서다.

이런 기능을 작동하기 위해 인체는 고성능 센서를 갖추고 있다. 예를 들면, 귀 안의 반고리관 내부에는 액체가 있어서 신체가 움직일 때마다 그 액체가 상하좌우로 이동한다. 그 흐름을 뇌로 전달하여 인체가 바른 자세를 취하도록 한다. 그 외에도 피부에 분포한 감각기관과 세포 표면에 있는 호르몬 수용체는 각각 심장과 위장 등의 변화를 감지해 쉬지 않고 뇌로 정보를 전송한다. 이 모든 것이 인체의 항상성을 유지하기 위한 장치다.

신경과 호르몬은 정보를 전달한다는 공통점이 있지만, 전달 속도, 작용 방식 그리고 효과가 나타나는 범위와 지속 시간이 다르다. 신경을 통한 전달은 효과가 매우 빠르게 나타나고, 빠르게 사라진다. 반면에 호르몬에 의한 전달은 효과가 나타나는 데 짧게는 몇 분에서 길게는 며칠까지 걸리고, 효과도 지속적이다. 또한 신경은 연결된 부위에서만 나타나지만, 호르몬은 혈액을 따라 온 몸을 돌면서 모든 표적세포에 광범위하게 영향을 준다. 이처럼 서로 다른 특성을 나타내는 신경계와 내분비계(호르몬 분비기관)가 통합적으로 작용하여 인체는 항상성을 유지한다.

비만과 다이어트

비만은 영양 불균형 상태의 대표적 현상이다. 체중이 많이 나가지 않더라도 체지방 비율이 높으면 비만이다. 뚱뚱한 사람은 먹는 걸 좋아하거나 많이 먹는다고 생각하지만, 그렇지 않은 경우도 많다. 비만 전문가들에 따르면, 과체중이나 비만인 사람 중에는 먹는 걸 그렇게 좋아하지 않는 사람도 많다고 한다.

비만은 그 자체로는 문제가 되지 않지만, 각종 합병증에 걸릴 위험이 높다. 그렇다면 비만을 예방하기 위해서는 어떻게 해야 할까? 먼저 비만의 원인을 이해해야 한다. 원인을 알고 치료해야 더 좋은 결과를 얻을 수 있다. 그럼에도 불구하고 전 세계적으로 비만 인구 비율이 높아지는 이유는 무엇일까? 비만의 원인은 매우 다양하다. 타고난 유전자와 같은 선천적 요인도 있지만, 더 일반적인 원인은 잘못된 식습관과 생활 습관, 심리적 요인, 사회적 요인 등이다.

과학 기술의 발달과 함께 일상생활이 편리해지면서 현대인들은 과거보다 신체 활동량이 적은 환경에서 산다. 이에 따른 에너지 소비 감소와 기초대사량 저하는 체지방을 축적하는 주요인으로 작용한다. 따라서 비만에서 벗어나기 위해서는 음식물 소화 흡수는 물론, 섭취한 영양소와 에너지를 소모하고 배설하는 활동이 균형 있게 이루어져야 한다. 이를 위해서는 적당한 운동과 안정된 생활 습관이 필요하다.

건강한 생활은 인체가 정상적으로 생명활동을 할 때 가능하다. 아울러 전체 세포가 균형과 조화를 이루어 생명활동을 할 때 가능하다. 우리는 생명활동에 필요한 물질과 에너지를 음식물에서 얻는다. 따라서 균형 잡힌 식단과 규칙적인 식사로 세포와 인체가 필요한 성분을 충분히 섭취해야 한다. 특히 적정 체중을 유지하려면 음식물로 섭취하는 에너지량과 활동으로 소비하는 에너지량 사이의 균형을 맞추어야 한다.

섭취한 에너지량이 소비한 에너지량보다 많을 때 인체는 여분의 에너지를 지방 형태로 저장한다. 그 결과 체지방이 쌓이고 체중이 증가한다. 섭취한 에너지량이 소비한 에너지량보다 적으면 부족한 에너지를 얻기 위해 저장된 지방이나 단백질을 분해한다. 그 결과 체중이 감소하고, 심하면 영양실조나 성장 장애 같은 이상 현상이 나타난다. 건강을 유지하려면 에너지 대사의 균형이 매우 중요하다. 섭취한 에너지량과 소비한 에너지량이 균형을 이루는지 알려면 하루 동안 섭취하는 음식물 종류와 양을 기록하고 섭취하는 에너지량을 계산하면 된다. 하루 동안 활동하는 내용과 시간을 기록하고, 하루 동안 소비하는 에너지량을 계산하면 된다.

체중 증가와 감소는 공급되는 에너지량과 소비하는 에너지량이 결정한다. 세포들이 소모하는 에너지량보다 섭취하는 에너지량이 많으면 체중이 증가한다. 소비하는 에너지량이 섭취하는

쌀밥 한 공기	감자튀김 한 봉지	우유 200ml	피자 한 조각	삶은 달걀 한 개	닭튀김 한 조각
300 Kcal	284 Kcal	125 Kcal	411Kcal	100 Kcal	179 Kcal
햄버거 한 개	**라면 한 그릇**	**탄산음료 한 캔**	**오이 한 개**	**사과 한 개**	**식빵 한 조각**
616 Kcal	478 Kcal	94 Kcal	60 Kcal	150 Kcal	100 Kcal

〈그림11-1〉 음식물에서 얻을 수 있는 에너지량(kcal/kg.h).

활동	에너지 소비량	활동	에너지 소비량	활동	에너지 소비량
잠자기	0.9	이야기하기	1.6	빨리 걷기	4.2
식사하기	1.6	공부하기	1.9	달리기	8.4
TV 보기	1.1	서 있기	2.1	농구하기	8.4

〈그림11-2〉 활동 유형별 에너지 소비량(kcal/kg.h)

《출처: 『운동생리학』, 2014》

에너지량보다 많으면 체중이 감소한다. '먹어도 체중이 늘지 않는다', '먹지 않아도 체중이 증가한다'와 같은 상황은 사실 거의 일어나지 않는다. 사람에 따라 정도의 차이는 있겠지만, 체중의 증가와 감소는 섭취량과 소비량 사이의 차이에 의해 일어난다.

만약 체중 감량을 원한다면 에너지 섭취량을 줄이거나 에너지 소모량을 늘려야 한다. 에너지 섭취량을 줄이는 것은 음식의 양을 줄이거나 칼로리가 낮은 음식물을 섭취함으로써 가능하다. 채소나 과일처럼 식이 섬유가 많은 음식은 포만감을 주면서 칼로리는 적어 체중 감량에 효과가 좋다. 에너지 소모량을 늘리려면 운동을 하거나 활동량을 늘려야 한다. 두 가지를 동시에 실천

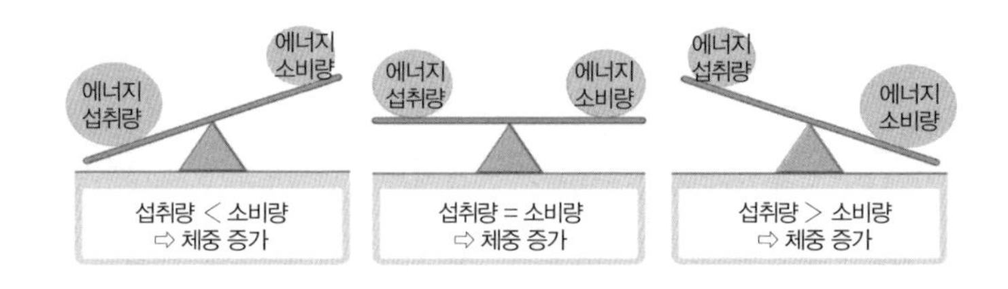

〈그림 12〉 에너지 섭취량과 소비량의 균형

하면 체중 감소 효과는 더욱 빠르게 일어난다.

체중 조절을 할 때 많은 사람들이 간과하는 사실이 있다. 이번에는 그것에 대해 한 번 알아보자.

세포와 인체를 알아야 다이어트도 성공한다

세포와 인체를 올바로 이해하면 다이어트를 쉽게 할 수 있다. 그렇지 않으면 다이어트에 번번이 실패할지도 모른다. 성공적인 다이어트를 위해 에너지 섭취량과 소비량의 균형은 매우 중요하다. 그런데 많은 사람이 잊고 있는 사실이 있다. 인체의 특성은 세포에 의해 나타난다는 것과 세포가 살아 있는 생명체라는 점이다. 그리고 세포와 인체는 분리할 수 없으므로 이들을 별개로 생각해서는 안 된다는 점이다.

유전적인 요인과 성장 과정에서 겪은 경험으로 사람마다 인체가 가진 특성은 다르다. 한마디로 어떻게 다르다고 말할 수는 없지만, 과체중인 사람과 저체중인 사람은 몸에 있는 세포의 성질이 다른 것만은 분명하다. 당신이 만약 오랫동안 과체중이었고 많은 양의 체지방이 축적되어 있다면, 이것은 무엇을 의미할까? 당신의 세포나 기관들의 성향은 저체중인 사람에 비해 소비보다는 저축을 많이 한다는 뜻이다. 이런 세포가 많을수록 체중을 줄이기 어렵다. 그렇다고 해서 할 수 없다는 의미는 아니다.

소비보다 저축을 더 잘하는 세포를 사람에 비유한다면 모으는 건 잘하지만 쓰거나 베푸는 데는 인색한 구두쇠로 표현할 수 있다. 굶어 죽을 뻔한 경험을 한 사람은 굶주림에 대한 두려움이 있다. 그런 사람은 음식이 생기면 다 먹어 치우기보다는 남겨서 비축하고, 나누거나 베풀기보다는 쌓아 두어야 마음이 편하다. 반면에 음식이 늘 풍족했던 사람은 굶주림에 대한 두려움이나 걱정이 없다. 식탐이 적고, 음식을 쌓아두지도 않는다.

이런 현상은 세포에도 그대로 적용된다. 단시간에 체중을 줄이기 위해 단식을 하면 세포들은 위협을 느낀다. 그래서 생존 모드로 변한다. 생존 모드에서는 절약과 저축이 우선이 된다. 자주 굶거나 불규칙적인 식습관을 가진 사람은 자연히 에너지 소모가 적고, 체중이 쉽게 증가하는 체질로 변한다. 그래서 체중 조절을 위해서는 먼저 해야 할 과정이 있다. 일정량의 에너지를 규칙적으로 공급하여 세포들이 안정된 소비활동을 회복하도록 해주어야 한다. 전문가들이 규칙적인 식습관을 강조하는 이유다.

이때는 세포들의 세포분열 주기를 고려해 최소한 한 달 이상

균형 있는 식단과 규칙적인 식사가 필요하다. 이 기간 동안에 세포들의 안정적이고 규칙적인 소비활동을 정착시킨 후, 원하는 체중 감소나 증가를 위한 에너지 섭취량과 소비량의 적절한 계획을 세워 실천한다면 성공 확률은 더욱 높아진다. 물론 규칙적인 식사만으로도 건강은 물론 체중 조절 효과가 있기는 하다.

생존에 위협을 느껴본 경험이 있거나 느끼는 사람에게는 긴장하지 말라고 아무리 말해도 소용이 없다. 그런 사람에게는 안정된 환경을 만들어 주고, 스스로 느낄 때까지 기다려주어야 한다. 이와 마찬가지로 제대로 다이어트를 하려면 인체로 하여금 안정적으로 에너지가 공급됨을 인식시키고, 스스로 저축 모드와 절약 모드를 해제할 때까지 균형 있는 식단과 규칙적인 식사를 지속해야 한다.

성급한 다이어트는 습관적인 요요현상을 불러올 뿐만 아니라 인체의 세포들을 긴장하게 만들기 때문에 건강을 해치는 요인이 될 수 있다. 건강하고 성공적인 다이어트를 하기 위해서는 세포의 안정된 대사활동과 규칙적인 식습관을 기반으로 한 에너지 섭취량과 소비량 사이의 균형이 중요하다.

"나는 먹어도 체중이 잘 늘지 않는다"는 사람은 대체로 2가지 원인을 생각해 볼 수 있다. 첫째는 다른 사람에 비해 기초대사량이나 세포의 평균적인 에너지 소모량이 많은 경우다. 일반적으로 남자가 여자보다 기초대사량이 많은데, 이는 에너지 소모가 많은 근육세포의 비율이 여자보다 남자가 높기 때문이다. 다른 사람에 비해 평균 에너지 소모량이 많은 사람은 유전적 요인도 있지만, 후천적으로 신경이 예민한 것도 요인이다. 인체에서 에너지를 가장 많이 소모하는 세포는 신경세포다. 신경세포는 외부의 자극을 수용하기 위해서 항상 일정 수준 이상의 긴장을 유지해야 하므로 에너지를 많이 사용한다. 성격이 예민하거나 소심해서 스트레스를 잘 받는 사람은 보통 사람보다 필요 이상으로 긴장을 유지하기 때문에 에너지 소비가 많다.

둘째는 소화기관의 기능이 떨어진 경우다. 그런 경우에는 음식물 속의 양분을 체내에서 제대로 소화하거나 흡수하지 못하고, 체외로 배출한다. 소화 기능이 좋지 않은 사람은 같은 양의 음식을 먹어도 흡수되는 에너지량이 적다.

비만을 예방하거나 체중을 관리할 때 원하는 결과를 얻으려면 체중이 쉽게 증가하는 체질인지, 쉽게 감소하는 체질인지에 따라 관리 방법이 달라야 한다. 사람에 따라 다르지만 섭취하는 에너지량과 배출하는 에너지량의 차이로 비만이 생기는 것은 분명하다. 그러나 미국 인터넷 매체인 〈허핑턴포스트〉는 과식하지 않아도 체중이 늘어나는 뜻밖의 이유로 유전자와 가족력, 항우울제나 항발작제 같은 약 복용, 수면 박탈 등을 소개하기도 했다. 덴마크 코펜하겐대학의 연구에 따르면, 장내 세균의 균형이 다이어트를 도와준다고 하는 등 다이어트 연구는 다양한 분야에서 무수히 이루어지고 있다.

비만은 유전적 요인에 기인한다는 연구 보고도 있으나, 유전적 요인은 누구에게나 있다. 더 중요한 사실은 그 유전적 요인이 겉으로 나타나려면 좋지 않은 생활 습관과 식습관이 반드시 작용한다는 점이다. 그러므로 이러한 유전적 요인을 극복하려면 올바른 식생활 습관과 사랑과 감사의 마음을 실천하는 생활 습관을 유지해야 한다.

좋아하는 것이 아니라 필요한 것을 먹어라

건강을 위해서는 무엇보다 인체에 필요한 양분을 공급해야 한다. 이것이 우리가 음식을 먹는 이유다. 그런데 우리는 몸에 필요한 것보다는 입이 좋아하는 음식을 먹는다. 맛있는/맛없는 음식을 구분하고, 가능한 한 맛있는 음식을 먹으려 한다. 맛없는 음식이 있을 수 있는가? 어떤 음식이든 맛은 있게 마련이다. 단지 맛이 기호에 맞거나 맞지 않을 뿐이다. 아무 맛이 없는 음식도 있지 않느냐고 반문할 수 있겠지만, 아무 맛이 없는 그것이 그 음식의 맛일 수도 있다.

또 사람들은 좋은/나쁜 음식을 구분하고, 좋은 음식을 먹으려 한다. 좋은/나쁜 음식은 도대체 누구에게 좋은/나쁜 음식이라는 말인가? 내 몸에 좋은/나쁜 음식이라고 말하고 싶은가? 자신의 몸을 모르는 당신이 어떤 음식이 몸에 좋은지/나쁜지 어떻게 알겠는가?

세포가 모양과 기능이 모두 다르듯 사람도 저마다 체내 상태가 다르다. 나이에 따라, 계절에 따라, 기분에 따라, 하루에도 시시각각 체내 상태가 달라진다. 살아 있는 생명체기 때문이다. 세포분열로 생겨나는 새로운 세포들 때문에 몸은 이 순간에도 변하고 있다. 시시각각 조건에 따라 변하는 체내 상태를 안다는 것은 거의 불가능하다. 따라서 어떤 음식이 몸에 좋은지/나쁜지 판단할 수도, 판단해서도 안 된다.

그렇다면 어떤 음식을 어떻게 먹어야 할까? 편식하지 않고 골고루 충분히 먹는 것 이상 좋은 것은 없다. 그런데 아이들에게는 편식하지 말라고 하면서 정작 당신은 편식의 대마왕이 되어 있지는 않는가? 골고루 충분히 먹어라. 그리고 내 몸에 맡겨라. 몸은 이미 여러 가지 내외부 환경에 따라 인체를 가장 건강한 상태로 유지하기 위한 자동 조절 시스템을 완벽하게 갖추고 있다. 그야말로 우리 몸은 신이라 할 만하다. 여기서 신이라고 말하는 것은 자연이라는 뜻이며, 완벽하다는 뜻이다. 신과 자연을 믿지 못하고 당신을 믿는 순간, 몸은 스트레스를 받는다.

예를 들어 당신이 만약 입이 원하는 단 음식을 먹는다면, 높아진 혈당을 낮추기 위해 인체는 이자에서 인슐린을 분비하고, 세포들의 당 소비를 촉진해야 한다, 하지만 세포들이 소비할 수 있는 당의 한계를 넘거나, 인슐린이 부족하면 인체 곳곳에서는 넘쳐나는 당으로 혈액의 농도가 높아져 인체가 균형을 잃는다. 그러면 잦은 이뇨와 갈증, 당뇨 같은 증상이 나타나는데, 이런 증세는 모두 인체가 보내는 위험 신호다. 우리 몸은 위험 신호를 보내기 전부터 크고 작은 신호를 많이 보내지만, 우리는 이를 알아차리지 못하거나 무시할 때가 많다. 포만감이나 불편함이 대표적인 신호다. 우리가 조금만 더 관심을 가지고 자신의 몸을 의식하면 느낌으로 그러한 신호를 감지할 수 있지만, 자신이 원하는 것에 집착하느라 우리는 그러한 신호들을 감지하지 못한다.

만약 당신 입이 싫어한다고 해서 먹지 않으면 어떻게 될까? 세포들은 충분한 양의 양분과 에너지를 얻지 못하고, 생명활동을 원활히 하지 못하게 된다. 그러면 당신의 건강은 내리막길을 향하게 된다. 당신이 느끼든 못 느끼든 이것은 분명한 사실이다. 반면에 충분히 먹으라고 하니까 '체중을 감당할 수 없을 텐데' 하고 걱정할 수도 있다. 이것은 중요하고도 어려운 과제다. 우리가 어렵게 여기는 것은 오랜 습관 때문이다. 관점의 문제일 뿐 정확히 알면 고치는 것은 어렵지 않다. 습관에 관해 모를 때는 습관의 힘에 휘말리지만, 정확히 알고 나면 습관도 쉽게 바꿀 수 있다. 아는 것의 힘은 그래서 대단하다.

정신과 육체는 연결되어 있다

'신체 변화'란 인체 내부 또는 외부 요인에 의해 일어나는 모든 변화를 말한다. 신체에 변화가 일어나면 뇌로 전달되고, 뇌는 곧바로 종합, 분석, 판단하여 반응을 일으키도록 한다. 가령, 중요한 발표를 앞두면 필자는 '발표'라는 말만 떠올려도 심박수가 올라가고, 신경이 곤두서고, 몸이 긴장한다. 이때 뇌는 외부 정보와 내부 정보라는 데이터를 바탕으로 부정적인 이야기를 만들어 낸다. '발표'는 사실 외부 정보다. 외부 정보에 뇌가 '잘해야 한다'는 판단을 내리면, 그때부터 불안이나 초조한 감정을 만들어 낸다. 인체의 고성능 센서는 이러한 내부 정보, 즉 신체의 변화(심박수의 상승, 근육의 수축)를 감지하여 그 정보를 뇌로 전달한다. 뇌는 내부 정보로 현재 느끼는 감정의 강도가 어느 정도인지 판단한다. 즉, 심장박동이나 근육의 변화가 격렬할수록 부정적인 감정(불안, 초조함)의 강도는 높아진다.

이때 간과하는 중요한 사실은 의식할 수 없을 정도로 미세한 신체 변화까지도 뇌에 전달되어 감정에 영향을 준다는 점이다. 우리는 불규칙한 식사로 인한 영양 부족이나 비만 때문에 혈압과 콜레스테롤 수치가 오르는 등의 변화는 자각하지 못한다. 하지만 우리 뇌는 이런 모든 변화를 신체의 위험으로 처리한다. 신체가 위험하다는 식의 느낌이나 생각을 만들어 내고, 그것으로 인해 정체 모를 불쾌함이나 불안감을 느끼게 된다.

사실 불쾌함이나 불안감과 같은 부정적인 감정은 신체 내외에서 일어나는 변화를 알려주는 신호일 뿐이다. 이 사실을 안다면 부정적인 생각으로 인한 2차적인 감정과 이로 인한 2차, 3차의 생각에 영향을 받지 않게 된다. 명상이나 호흡 수련을 하는 것도 바로 이 때문이다.

뇌의 정보 처리라는 관점에서 보면, 정신과 육체 사이에는 분명한 연관성이 있다. 영양 불균형과 운동 부족으로 인해 건강이 나빠지면 자신도 모르게 부정적인 감정에 빠진다. 어떤 정신적 · 심리적 방법을 사용하든 신체 상태를 개선하지 않으면 우리는 불쾌한 기분에서 벗어날 수가 없다. 따라서 괴로움에서 벗어나려면 정신적 치료로 해법을 찾기 전에 기본적으로 육체적 건강을 돌볼 필요가 있다.

육체와 마찬가지로 정신(마음) 건강에도 입출의 균형은 중요하다. 하드웨어(육체)든 소프트웨어(정신)든 구성 요소의 과잉이나 부족은 건강에 부정적인 영향을 미친다. 많거나 모자라는 것은 물론 적게 소모하거나 배출이 원활하지 못해 체내에 축적되는 것도 부정적인 결과를 초래한다. 시간적 요소도 간과해서는 안 된다. 체내 조건에 따라 적당한 간격으로, 적당한 시간 동안 균형을 유지하는 것이 중요하다. 건강은 인체를 중심으로 공급과 소비의 균형과 조화를 말하는 것으로, 물질은 물론 감정과 정신까지 포함한다.

3. 인간의 뇌

인체의 신비를 말한다면 뇌를 빼놓을 수 없다. 척수와 함께 몸의 중추신경계를 이루는 뇌는 몸의 움직임과 행동을 관장하고, 신체의 항상성을 유지하도록 하며, 인지, 감정, 기억, 학습 기능을 담당한다. 머리뼈 안쪽에 있는 성인의 뇌 무게는 1.4~1.6kg 정도며, 뇌를 구성하는 최소 단위는 뉴런이라는 신경세포다.

사람의 뇌는 다른 동물에 비해 비정상적으로 크다. 신체 대비 크기가 일반 포유류의 6배에 달하지만, 우리 체중의 2퍼센트밖에 차지하지 않는다. 그러나 뇌가 소비하는 에너지는 전체의 20~30퍼센트를 차지한다. 하루 동안 먹는 식사량의 30퍼센트를 몸의 2퍼센트에 해당하는 뇌가 먹는 셈이다. 그만큼 뇌는 인체에서 가장 비싼 가치를 지닌 기관이다.

우주에서 가장 복잡한 기관이 뇌라고 한다. 뇌만큼 복잡한 게 없다는 뜻이다. 뇌는 알면 알수록 놀랍다. 뇌에는 수천억 개의 신경세포가 있고, 각각의 신경세포는 다른 신경세포와 연결되어 있으며, 하나의 신경세포에 최대 만 개의 연결점(시냅스)이 있다고 한다. 두개골 안의 연결점이 우주의 별보다 많다는 이야기다. 뇌를 구성하는 수천억 개의 신경세포는 끊임없이 정보를 교환해 근육과 심장, 소화기관 같은 기관의 기능뿐 아니라, 생각하고 기억하고 상상하는 등 인간의 복잡한 정신활동과도 밀접하게 관련되어 있다.

신경세포는 다른 체세포들과는 달리 축삭과 가지돌기라고 하는 특이한 돌기가 있다. 이 같은 신경세포들이 연결되어 말초에서 중추에 이르는 신경계를 이루고 있다. 신경계는 환경의 자극을 뇌로 전달하고, 뇌에서 발생하는 신호를 말초 장기로 전달하는 신호 전달을 위한 전선이라고 할 수 있다. 술에 취하지만 않는다면 우리 뇌에서 시속 431km로 정보가 이동한다고 한다. 하나의 신경세포 안에서의 신호 전달 방식은 일종의 전기적인 현상으로, 모든 신경세포가 활동전위(신경을 따라 정보를 운반하는 전기적 신호)라는 수단을 이용한다. 신경세포와 신경세포 사이의 연결부인 시냅스에서는 화학물질(아세틸콜린, 노르아드레날린, 세로토닌 등)이 전달자 역할을 한다.

신경세포로 이루어진 뇌가 어디서 어떻게 생각하고, 기억하며, 때로는 기뻐하고, 때로는 슬퍼하며, 보고 듣고 말할 수 있는 기능이 일어나는지는 뇌과학자들에게 여전히 의문으로 남아 있다. 그들은 의식을 뇌의 놀랍고 신비로운 작용이라고 생각한다. 지난 10여 년 동안 신경생리학자들은 의식의 신경적 기초를 밝히기 위해 시각을 이용한 수많은 연구를 수행해 왔다. 하지만 그 많은 연구 업적에도 불구하고 그들은 우리가 어떻게 사물을 보게 되는지, 즉 어떻게 시각적 인식이 이루어지는지 여전히 알지 못하고 있다.

옆의 그림은 얼핏 보면 꽃병으로 보인다. 그러나 한참 들여다보면 두 개의 얼굴 윤곽이 보인다. 이런 일이 어떻게 일어날 수 있을까? 우리의 시각 계통은 미묘한 방식으로 착각을 일으키게 한다. "보는 것이 믿는 것이다"라는 말처럼 우리는 어떤 사물을 보면 사물이 실제로 그곳에 있다고 믿는다. 그러나 사실은 사물이 그곳에 있는 것이 아니라, 뇌가 그곳에 있다고 믿게 한다고 할 수 있다. 이와 같이 시각 정보가 어떻게 만들어지는가는 8장에서 자세히 설명할 것이다.

그렇다면 본다는 것은 무엇일까? 시각이라는 것은 뇌가 과거의 경험을 토대로 눈 앞에 펼쳐지는 다양한 장면의 변화에 반응하며 이야기를 만들어 내는 과정이다. 그러나 "우리가 본다는 것을 어떻게 신경세포의 활동으로 설명할 것인가?" 하는 질문에 뇌과학자들은 아직도 뚜렷하게 설명하지 못하고 있다.

대뇌와 생각 작용

발생상으로 보면 모든 동물에서 가장 먼저 완성되는 기관은 심장이다. 반면에 뇌는 가장 늦게 완성된다. 뇌가 완성되는 과정

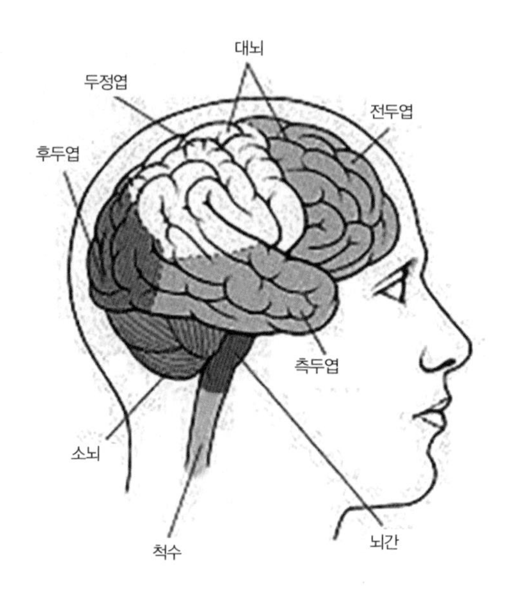

〈그림13〉 인간의 뇌

을 보면 생명과 직결되는 뇌간(간뇌, 중뇌, 연수)이 먼저 완성되고, 생각과 관련된 대뇌가 가장 늦게 만들어진다. 인간의 뇌가 다른 동물들에 비해 큰 이유는 뇌의 대부분을 차지하는 대뇌의 크기 때문이다. 이는 대뇌가 생각하는 능력과 관련되어 있음을 나타낸다.

포유동물 이상에서만 나타나는 대뇌는 감각과 사고 활동의 중추다. 그중에서도 인간에게서만 있는 기쁨, 슬픔, 동정심 같은 고차원적인 정서는 대뇌의 전두엽과 관련이 있다, 전두엽은 대뇌 가운데서도 가장 늦게 완성되는 부분으로 사춘기를 지나 완성된다. 따라서 인간의 생각하는 능력은 출생 이후 발달하기 시작하여 청소년기를 지나 대뇌의 완성과 함께 사고 체계(인식 체계)가 갖추어진다고 할 수 있다.

사람의 두뇌는 나이가 들어서도 발달하는데, 과학자들은 이것을 뇌의 가소성(Plasticity)으로 설명한다. 20세기 중반까지 과학자들은 어릴 때 두뇌가 다 자라면 나이 들어서는 고쳐지지 않는다고 생각했다. 그러나 1990년대 후반 성인의 뇌에서 신경줄기세포를 발견하면서 현대의 신경학자들은 신경세포가 발달한다는 사실에 동의하고 있다. 필자는 뇌의 가소성이야말로 앞으로 인류에게 필요한 사고 능력과 밀접하게 관련되어 있으리라 생각한다.

일반적으로 인간의 대뇌 기능은 영역별로 나뉜다. 다만 영역 분할은 그렇게 엄격하지 않다. 시각장애인의 대뇌 시각역(눈에서 보는 시각 정보를 처리하는 영역)은 본래의 임무를 바꿔 다른 유형의 감각 정보를 처리하는데, 심지어는 감각과 상관없는 언어 기능까지 수행하도록 가소성을 보인다고 한다. 날 때부터 들을 수 없는 청각장애인의 청각역(보통 사람의 경우 귀에서 오는 소리 정보를 처리하는 뇌 영역)은 시각 정보에 반응해 활성화된다고 한다. 그만큼 신경 가소성은 매우 유연하다.

신경 가소성은 평생에 걸쳐 지속적으로 나타나기도 하고, 특정 시기에만 일어나기도 하며, 여러 유형이 동시에 또는 별개로 일어날 수도 있다. 뇌가 가진 가소성의 변화는 사람마다 용량이 다르다. 같은 경험이라도 사람마다 다른 수준과 다른 종류의 가소성을 유도한다는 점에서 사람의 개성과 특징은 신경 가소성의 결과이기도 한 셈이다. 이에 필자는 이기적인 습관을 비롯한 어린아이의 행동 습관은 대뇌의 형성과정에서 만들어지는 반면, 이러한 신경 가소성은 성인이 된 이후에 나타나는 이해심, 배려심, 공동체 의식과 같이 이타적 행동 양식을 만들어 내는 것과 관련이 있지 않을까 생각한다. 또한 뒤에서 설명할 사람의 습관 바꾸기와 창조적인 삶과도 관련이 있을 것으로 생각한다.

뇌가 만드는 신호, 감정

건강하고 행복한 삶을 위해서 자신을 돌아보고 돌보는 일은 매우 중요하다. 여기서 말하는 자신은 몸과 마음을 모두 포함한다. 자기를 돌아보고 알기 위해서는 몸에 관심을 기울이고, 주의력을 모아야 한다. 매 순간 몸을 통해 일어나는 느낌에 주의를 기울여 보라. 바람을 느끼고, 물건을 집을 때 손으로 전해지는 감각을 느끼고, 신체에서 통증을 느낄 때 자신 안에서 일어나는 감정에 주의를 기울여 보라. 우리가 느끼는 감정에는 크게 긍정적 감정과 부정적 감정이 있는데, 이 감정들은 모두 뇌가 나에게 보내는 신호다.

어떤 자극을 받을 때 뇌는 자극원이 몸에 필요하거나 유익한 것이면 기쁨, 즐거움, 행복함, 쾌감, 시원함 같은 긍정적 감정(신호)을 만들어 낸다. 그래서 자극원이나 유사 자극에 욕구 반응이 일어나도록 한다. 반면에 자극원이 몸에 필요 없거나 해로운 것이면 슬픔, 두려움, 불쾌함, 답답함, 고통 같은 부정적 감정(신호)을 만들어, 그 자극원이나 유사 자극에 회피 또는 공격 반응이 일어나도록 한다.

이러한 반응에 필요한 신경회로의 대부분은 대뇌가 완성되는 출생 이후부터 청소년기 사이에 만들어진다. 대뇌가 형성되는 어린 시기에는 자극과 반응의 신경회로가 쉽게 만들어질 뿐만 아니라 동일 자극이 반복되거나 자극의 강도가 강할 경우 그 신경회로는 강화되어 성장기 이후 또는 평생 동안 그 사람의 행동에 영향을 줄 수 있다. 특히 어른이 되어서도 특정 환경이나 자극에 대해 자신도 모르게 동일한 감정과 동일한 행동을 반복하는 것은 이런 경우에 해당한다. 성장 과정에서 만들어진 신경회로가 어른이 된 후에도 자동으로 작동하기 때문이다. 사람의 성장 환경이 중요한 이유다.

생물에게 가장 필요한 행위는 생식 행위와 섭식 행위다. 따라서 생식이나 섭식(음식)과 관련 있는 자극원을 접할 때 뇌는 기쁨이나 즐거움, 쾌감, 만족감, 행복감 같은 긍정적 감정을 일으키고, 이 신호에 따라 욕구 반응이 일어난다. 반면에 생존을 위협하는 행위나 현상, 이와 관련된 자극원을 접할 때 뇌는 슬픔, 두려움, 불쾌감, 고통, 분노 같은 부정적 감정을 일으키고, 이 신호에 따라 회피나 공격 반응이 일어난다. 필요나 요구의 정도, 느끼는 위협의 정도에 따라 감정(신호)의 강도가 달라지고, 그 강도에 따라 반응(행위)도 다르게 나타난다.

같은 자극에도 사람에 따라 반응 형태와 반응 정도가 다르게 나타나는 이러한 감정(신호) 체계는 유전적인 부분도 있지만, 많은 부분이 출생 이후 성장 과정에서 겪은 경험과 함께 대뇌에 저장된 정보들과 관련이 있다. 감정과 관련해 스즈키 유(Suzuki Yu, 1958~)는 《무, 최고의 상태》에서 "인간의 뇌에는 기본적으로 괴로움과 기쁨이라고 하는 감정이 설정되어 있다. 인체에 괴로움이 기본 프로그램으로 설정된 이유는 주변의 위험으로부터 살아남기 위한 원시시대 인류의 생존 전략이라고 볼 수 있다"고 썼다.

위험과 관련된 정보는 대뇌(사고, 판단, 추측 기능 등)를 거치지 않고, 교감신경을 통해 바로 반응기(근육, 호르몬 분비샘)로 전해져서 긴장, 두려움, 공포, 분노와 관련된 행동을 일으킨다. 이런 반응은 대뇌의 사고 과정을 거치지 않기 때문에 더욱 빠르게 나타나며, 자신도 모르게 일어난다. 그리고 자신의 행동을 인식하고, 후회하거나 자책하는 등의 의식적 반응은 대뇌의 사고 작용을 거치므로 그 이후에 일어난다.

생존을 위한 경계 시스템은 위험이 가득한 원시시대에는 매우 유용했을 것이다. 그러나 이러한 경계 시스템은 현대인의 마음에 지나친 두려움과 불안, 고독감이나 우울, 완벽주의 같은 기능 부전(정해진 목적을 수행하기에 기능과 힘이 불완전하거나 부적당한 상태)을 일으킨다. 자신도 모르게 한 행동에 자책과 후회를 하게 만들어 삶의 질을 떨어뜨리는 원인이 된다.

감정은 필요한 행동을 유도하기 위해 뇌가 만드는 신호로서, 인류가 진화하는 과정에서 개체의 생존과 밀접하게 연관되어 생겨났다. 특히 공포나 두려움은 외부의 적에게서 몸을 보호하는 행동을 하고, 기쁨은 음식을 먹게 하고 생식의 기회를 얻도록 기분을 자극한다는 점에서 개체의 생존을 위한 유용한 신호가 된다. 만약 이런 신호가 없다면 자신의 신변에 다가오는 위험을 감지하지 못하고, 중요한 것을 빼앗겨도 되찾으려고 시도조차 하지 않을지 모른다. 이런 의미에서 부정적인 감정은 우리에게 적이 아니라 우리를 지켜주기 위한 것이다.

또한 분노, 불안, 슬픔 같은 부정적 감정은 자신에게 중요한 무엇이 충족되지 않았음을 알려주는 신호다. 그런 점에서 감정은 어떤 것을 내가 싫어하는지/좋아하는지, 나에게 필요한 것인지/불필요한 것인지, 그리고 무엇이 충족되지 않았는지 알게 하므로 인간관계에서도 매우 유용한 도구가 된다. 따라서 좋은 관계를 가지기 위해서는 자신의 감정을 알아차리고, 자신의 감정을 바르게 표현하며, 상대의 감정을 이해하려는 자세가 필요하다.

이기적인 뇌, 이기적인 인간

사람의 뇌를 구성하는 수천억 개의 신경세포는 끊임없이 정보를 교환하며, 근육, 심장, 소화기관, 분비기관 같은 모든 기관의 기능은 물론, 생각하고 기억하고 상상하는 인간의 복잡한 정신활동과도 밀접하게 관련되어 있다.《인성공부》의 저자 박완순은 책에서 "뇌는 이기적이고 독선적이다"라고 썼다. 그렇다. 뇌는 이기적이다. 인체에 양분이 공급되면 최우선으로 뇌가 필요한 것을 취한다. 그리고 나머지를 각 기관에서 사용한다. 뇌는 철저히 자신에게 유리하게 판단하고, 행동하도록 한다. 왜냐하면 새로운 정보가 들어왔을 때 분석하고 판단하기 위해 뇌가 사용하는 기존의 정보들은 오직 자신의 경험에서 생존에 필요하거나 유리하다고 판단한 것 위주로 저장됐기 때문이다.

어린아이들은 이기적이다. 그러나 어린아이들의 이기심을 대할 때 나무라거나 비판하는 사람은 거의 없다. 어린아이가 이기적인 것을 당연하다고 여긴다. 왜 그럴까? 아이들은 왜 이기적일까? 인류의 유전적 요인 때문이라고 할 수도 있으나, 필자는 더 근원적으로 인간이 생존 의지를 가진 생물이기 때문이라고 생각한다.

인간이 가진 뇌라는 고성능 하드웨어는 보고 듣고 배우고 경험하며 얻어진 정보들과 이를 활용하여 몸을 보호하고, 효율적으로 사용할 수 있게 하는 신경회로로 이루어져 있다. 이때 인간의 뇌에서 만드는 신경회로에는 특징이 있다.

첫째, 우리 뇌는 생존 관련 정보를 우선적으로 저장하고, 생존과 관련한 행동(공격, 방어, 회피 등)은 보다 짧은 경로의 신경회로를 통해 나타난다. 부정적 감정 신호(두려움, 분노 등)에 대해서는 대뇌의 사고 과정을 거치지 않고 행동(반응)이 나타나기 때문이다. 둘째, 어릴 때는 대체로 이기적 행동과 관련한 신경회로가 많이 만들어지는 반면(이것은 스스로 생존 능력을 갖추지 못한 어린 시절에는 매우 필요한 과정이었을 것이다), 성인이 된 이후에는 이타적 행위와 관련된 신경회로가 만들어진다는 점이다. 인체의 내 · 외부에서 새로운 정보들이 들어오면 뇌는 그대로 수용하지 않고 기존 정보에 없거나 기존 정보와 다른 부분만을 수정 · 보완하여 반응하도록 한다. 그러므로 사람에 따라서는 어린 시절에 형성된 신경회로를 거의 평생 사용하기도 한다. 습관은 이렇게 고착화된 신경회로의 작용이다. 이런 점에서 다국어를 하는 사람은 여러 개의 언어 회로를 가졌다고 볼 수 있다.

아이처럼 행동하는 어른을 볼 때가 있다. 그런 어른들은 성인이 되었지만 어린 시절에 만들어진 신경회로가 아무런 검토과정을 거치지 않은 채 그대로 작동하기 때문에 그렇다. 성인이 되었어도 어린아이와 다르게 행동할 수 있는 새로운 신경회로를 형성하지 못한 것이다. 생존 능력을 갖춘 성인이라면 타인의 관심과 사랑을 받으려는 행동이 아니라 나누고 베푸는 행동이 필요하다. 어른에게는 어른에게 맞는 새로운 행동 습관이 필요하다. 그렇다면 습관은 어떻게 바꿀 수 있을까? 바꾸기보다는 새로운 습관을 만든다는 표현이 더 맞을 것 같다.

습관을 바꾸려면 뇌를 바꿔야 한다

"습관은 제2의 천성으로 제1의 천성을 파괴한다." _ 파스칼

"반복적으로 행동하는 것이 우리 인간이다. 그러므로 탁월함은 행동이 아니라 습관이다." _아리스토텔레스

이 문장들은 습관이 얼마나 중요한지 그리고 얼마나 강력한가를 말하고 있다. 실제로 한번 만들어진 습관은 바꾸기가 힘들다. 이유는 무엇일까? 습관은 어떻게 해야 바꿀 수 있을까? 나를 바꾸는 것은 생각을 바꾸는 것에서부터 시작된다. 인간의 발달한 대뇌는 생각하는 것이 실재인 양 착각하도록 만든다. 국제적인 강연자이며 신경과학, 후성유전학, 양자역학 등을 활용해 자연 치유의 원리를 탐구하는 조 디스펜자는 플라시보(Placebo)가 효력을 발휘하는 이유도 대뇌의 효력이라고 말했다.

사람들은 누구나 변하고 싶어 한다. 하지만 변화를 이루어 내는 사람은 극히 드물다. 변화의 영역으로 들어갈 때는 옛 자아와 새 자아, 과거 세상과 새로운 세상 사이에 매우 불편한 영역이 존재한다. 사람은 익숙한 것을 좋아한다. 새로운 세상에 익숙해지

려면 새로운 신경회로를 뇌에 장착해야 한다. 그러기 위해서는 임계 횟수 이상의 반복적 선택이 필요하다. 새로운 신경회로가 뇌에 장착될 때까지는 의식적으로 선택을 해야 한다. 그러기 전에는 자신도 모르게 화를 내거나 후회할 수도 있다. 아무 생각 없이 과거의 습관으로 행동하고, 정신을 차리고는 후회할 수도 있다. 의식하지 못하는 가운데 바로 과거의 자아로 돌아가 버릴 수도 있다. 이것은 모두 의식을 통한 검토과정 없이 기존의 신경회로가 자동으로 작동하기 때문이다. 자신도 모르는 사이에 '이것은 별로야', '이건 불편해', '이게 좋아', '이건 싫어' 하고 무의식적으로 선택한 결과다.

그런 생각이나 자기 암시적 느낌을 알아차리지 못하는 순간, 우리는 무의식적으로 오래된 과거의 선택들을 반복하게 된다. 그런 습관적인 행동으로 다시 같은 경험을 하고, 같은 경험은 또 같은 감정과 느낌에 확신을 더해줌으로써 그 반응과 관련된 신경회로를 점점 강화한다. 그리고 자신은 '편안함' 또는 '안도감'을 느끼게 된다. 이것이 평소 익숙한 것을 좋아하고, 익숙한 것에 젖어 있는 우리의 모습이다.

오랫동안 무의식적으로, 같은 방식으로 생각하고 선택하는 동안, 우리 뇌에는 고정된 신경회로가 만들어졌고, 이 신경회로는 유사한 자극이 오면 자동으로 작동한다. 같은 선택을 반복하는 한 기존의 신경회로는 계속 작동할 것이고, 더욱 강화될 것이다. 기존의 신경회로가 계속 작동하는 한 우리는 변화될 수 없다.

변화는 쉬운 일이 아니다. 변화는 사용하던 신경회로를 없애고, 새로운 회로를 만드는 과정이다. 이 사실을 인식하고 받아들이면 충분히 변화할 수가 있다. "세 살 버릇 여든까지 간다", "사람이 죽기 전에는 변하기 어렵다"는 말이 있지만, 그것은 과학이 발달하기 오래전 생각이다. 마음먹기에 따라 얼마든지 변화할 수 있다는 사실을 과학은 잘 설명해 준다. 변화를 위해 필요한 것은 변하고자 하는 마음과 깨어 있는 의식이다. 이것은 이 책에서 필자가 계속해서 강조하는 것이기도 하다.

성공하려면 성공하는 뇌를 만들어라

"성공은 능력과 노력이 아니라 좋은 습관에서 나온다."_니카이 다카요시

성공한 사람을 보면 좋은 습관이 성공에 이르게 한다는 사실을 알 수 있다. 앞에서 습관이 뇌와 관련 있다는 사실을 이해했다면 성공과 관련하여 가장 중요한 부분도 뇌라는 점을 짐작할 수 있다. 사람은 매 순간 선택을 한다. 신체는 20대지만 60대 노인처럼 고리타분하게 선택하고 사고하는 사람이 있는가 하면, 나이가 무색할 정도로 유연하고, 창의적인 선택을 하며, 사회활동을 활발히 하는 사람도 있다. 이때의 선택은 뇌의 기능이 작동한 것이다. 성공하려면, 성공으로 이끄는 선택을 반복함으로써 뇌가

좋은 선택을 하도록 만들어야 한다.

스펙트(SPECT)로 환자들 뇌를 20년 이상 스캔하고 분석해 뇌과학 발전과 뇌질환 치료 연구에 몰두한 다니엘(Amen, Daniel G, 1954~) 박사는 성공하려면 성공하는 뇌 상태를 만들어야 한다고 주장했다. 그는 뇌가 발전하면 삶의 모든 것이 나아지고, 신체, 돈, 인간관계, 삶의 변화(혁신) 정도도 달라진다고 했다. 반면에 쉽게 성공하지 못하고, 성공하는 사람의 좋은 습관에 익숙하지 못한 사람은 뇌에 문제가 있다고 주장했다. 그는 뇌수술을 받았거나, 뇌에 안 좋은 음식을 먹었거나, 나쁜 환경에 뇌가 노출되면 건강한 뇌를 갖지 못한다고 우려를 표했다. 그런 뇌를 가진 사람은 더 아프고, 더 가난하고, 덜 똑똑하고, 융통성과 유연성이 떨어진다고 했다. 다니엘 박사는 뇌가 나빠지는 원인과 뇌를 지키고 활성화하는 방법을 연구한 결과, 다음 5가지 사실을 알아냈다.

1. 뇌를 나쁘게 하는 나쁜 습관: 자신의 30대 때와 50대 때의 뇌 사진을 비교한 결과, 젊은 30대 때의 뇌 상태가 50대 때보다 나쁘다는 것을 알게 되었다. 그는 수면 부족, 탄산음료 과다 섭취, 만성 스트레스가 뇌를 나쁘게 하는 나쁜 습관이라는 사실을 알아냈다.

2. 음주: 적당량의 음주와 하루 1~2잔 정도의 와인은 심장에는 좋을지 몰라도 뇌를 나쁘게 한다는 것을 알아냈다.

3. 비만: 몸이 비대해질수록 뇌가 작아지므로 비만은 뇌를 나쁘게 만든다고 파악했다.

4. 뇌가 나빠지는 환경: 그는 뇌가 나빠질 수밖에 없는 환경적인 요인에 노출하지 않아야 한다고 주장했다. 아이들이 위험이나 치명적이고 독성이 있는 환경에 노출되면 심각하게 뇌가 나빠진다고 했다.

5. 좋은 결정: 뇌는 25세에 성장을 멈춘다. 이것은 18세가 되면 성인이 된다는 우리의 일반적인 생각과는 달리 더 나은 결정을 할 수 있는 것은 25세 이상이 되어야 한다는 것을 의미한다. 더 나은 결정을 하는 것은 뇌의 기능이기 때문이다. 25세에 뇌의 성장은 멈추지만 좋은 결정을 한다면 나이와 상관없이 삶을 바꾸고 성공할 수 있다. 할 수 있다고 믿을 때, 할 수 있는 이유도 뇌가 있기 때문이다. 다니엘 박사의 연구에 따르면, 좋은 결정을 내리고 2개월이 지나면 뇌가 발전하는 모습을 보였다고 한다.

우리는 놀라운 능력을 지닌 뇌를 나쁜 습관으로 잘못 사용하지는 않았는지 돌아볼 필요가 있다. 행복한 삶을 위해서는 먼저 좋은 생활 습관을 지니고 매 순간 좋은 선택을 하여 뇌에 좋은 반응을 위한 신경회로를 장착해야 한다. 성공하고 싶은가? 성취하고픈 목표에 주의를 집중할 것이 아니라 성공에 이르는 습관을 만듦으로써 성공하는 뇌를 만드는 데 집중해야 한다.

6장
인간과 지구

1. 지구 생태계

생물이 사는 모든 공간을 '생물권'이라고 한다. 과학자들은 현재 생물권에 알려지지 않은 종(種)을 포함해 약 300만 종의 생물이 산다고 추정한다. 이렇게 많은 종의 생물이 기후나 토양, 태양 에너지 같은 주위 환경과 밀접한 관계를 맺으며 끊임없는 상호작용과 역동성을 가지고 변화해가고 있다. 이를 '생태계'라고 한다. 최근 들어 '생태계의 파괴'라는 말을 자주 사용한다. 여기서 '생태계의 파괴'란 어떤 원인으로 인해 기존 생태계의 구성 요소 간에 형성하고 있는 조절 기능에 심각한 변화가 일어난 상태를 말한다. 그렇다면 생태계 구성 요소 간의 균형은 어떻게 조절되고 유지될까? 생태계 구성 요소와 기능을 간단히 알아보자.

생태계의 구조와 기능

생태계의 구조는 크게 생물적 요인과 비생물적 요인(무기환경)으로 구분된다. 생물적 요인은 역할에 따라 생산자, 소비자, 분해자가 있다. 비생물적 요인은 생물을 둘러싸고 있는 비생물 환경으로 빛, 공기, 온도, 물, 토양 등이 있다. 생산자인 식물은 동물의 호흡에 필요한 산소를 만들어 주고, 동물들이 호흡할 때 내뿜는 이산화탄소를 흡수한다. 녹색식물은 태양 에너지를 이용하고, 공기 중의 이산화탄소와 토양 속의 물을 흡수해 동물들의 호흡에 필요한 산소와 영양물질을 만든다.

소비자는 토끼, 사슴, 여우, 호랑이 등 생산자나 다른 동물을 먹이로 하는 동물들이다. 초식동물이 생산자인 녹색식물을 먹고, 초식동물은 다시 육식동물에게 먹힘으로써 영양물질은 생태계 안에서 이동한다. 분해자는 부패균이나 미생물(곰팡이)과 같은 것으로, 생산자와 소비자의 사체나 배설물 속의 영양물질을 무기물로 분해해 비생물 환경으로 돌려보낸다. 이렇게 생태계에서 물질들은 순환한다.

가령, 식물의 꿀을 먹는 나비는 참새나 개구리의 먹이가 되고,이들은 다시 독수리나 매 등 다른 동물의 먹이가 된다. 이렇듯 생물적 요인들 사이에 서로 먹고 먹히는 관계를 '먹이사슬'이라고 한다. 먹이사슬은 녹색식물에서 출발해 커다란 육식동물에 이르기까지 여러 종류의 생물이 다른 여러 종류의 생물에게 먹

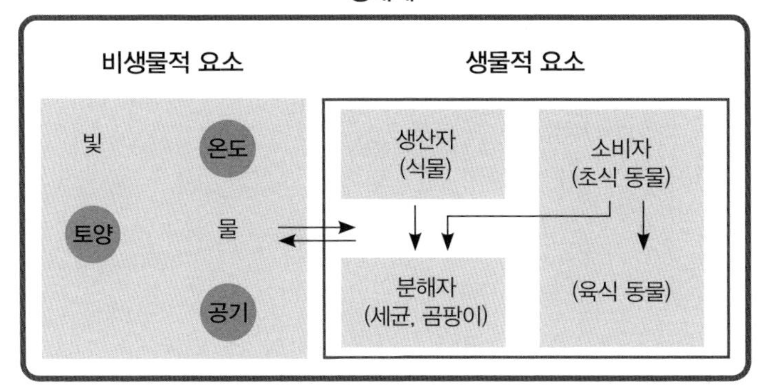

〈그림14〉 생태계의 구성 요소

히면서 그 양이 먹는 쪽이 먹히는 쪽보다 작아서 피라미드형 구조를 이루고, 생태계가 균형을 이룬다.

생태계는 일반적으로 그 안에서 생활하는 생물군집의 구성이나 개체 수, 물질의 양 그리고 에너지 흐름이 안정된 상태를 유지하는데, 이와 같이 생태계가 균형을 이룬 상태를 '생태계 평형'이라고 한다. 생태계 평형은 주로 먹고 먹히는 관계(먹이사슬)로 유지되는데, 먹이사슬이 복잡한 먹이그물을 형성할 때 잘 유지된다. 안정된 생태계는 일시적으로 변동이 나타나도 시간이 지나면 평형을 회복한다.

생태계는 물질의 순환과 에너지의 흐름이 원활해야 평형을 유지할 수 있다. 생태계에서 물질과 에너지의 이동은 생물들 사이의 먹고 먹히는 관계 때문에 일어난다. 생태계를 유지하는 태양 에너지는 생태계 내에서 먹이사슬을 따라 이동하며, 열에너지의 형태로 전환되어 생태계 밖으로 빠져나가지만, 물질은 생태계 내에서 생물과 환경 사이를 순환한다.

섭취하는 에너지량과 소비하는 에너지량의 균형에 의해 인체가 건강을 유지하듯이, 생태계가 안정을 유지하려면 생산자가 만드는 물질 생산과 생산자, 소비자, 분해자의 물질 소비가 균형을 이루어 물질 순환이 안정적이어야 한다. 또 인체에서 산소와 영양소 운반이 원활해야 하듯이, 생태계는 먹이사슬에 따른 물질 순환과 에너지 흐름이 원활해야 한다.

생태계에서 생물은 주변 환경의 영향을 크게 받는다. 열대림

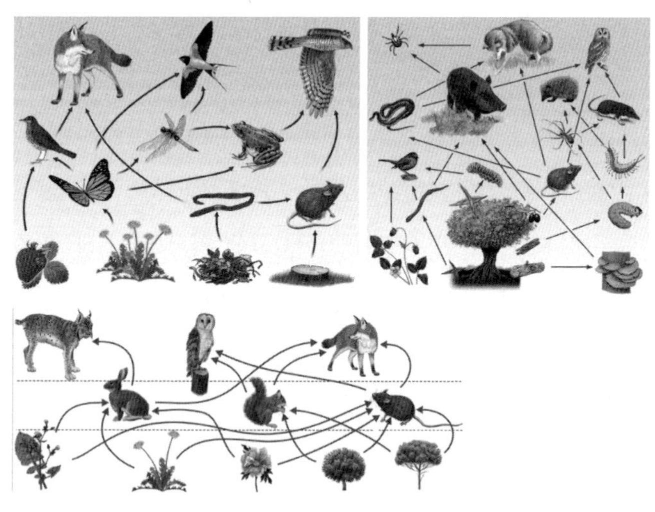

〈그림15〉 생태계의 먹이그물

은 따뜻하고 습한 적도지방에서 잘 자라고, 툰드라 지역에서만 볼 수 있는 식물은 극지방의 추운 기후에서만 잘 자라며, 선인장은 사막에서 더 잘 자란다. 이처럼 생물은 주변 환경에 따라 특징적으로 분포하며, 적정한 수를 유지한다. 이런 모든 것이 생태계의 질서, 즉 자연의 질서다.

지구는 살아 있는 생명체다

인간과 인간을 둘러싼 외부 환경을 통틀어 생태계라고 한다면, 지구는 지구 생태계라고 할 수 있다. 그리고 살아 있다는 것은 끊임없이 변한다는 것을 의미한다. 그런 의미에서 끊임없이 변화하는 지구는 분명히 살아 있는 생명체다. 80억 인류를 비롯한 약 300만 종의 생물과 무기환경으로 된 거대한 생명체다. 인체가 세포를 기본 단위로 하여 조직, 기관, 기관계라는 구성 단계를 이루듯이, 지구는 인간을 기본 단위로 해서 가정, 지역 사회, 국가라는 구성 단계를 갖는다.

세포가 살아가는 공간, 즉 세포의 직접적인 환경이 인체라면, 인간이 살아가는 공간, 즉 인간의 직접적인 환경은 지구다. 세포들에게 인체의 건강이 중요하듯, 인간에게는 지구의 건강이 중요하다. 세포들이 인체 안에서 끊임없이 소통과 협력으로 상호작용을 하듯이, 인류는 지구 안에서 끊임없이 서로 소통하고 협력할 때 함께 성장할 수 있다. 또한 인체와 세포를 분리할 수 없듯이, 지구와 인간도 분리할 수 없다.

〈표1〉 세포, 인간, 지구의 비교

	세포	인간	지구
구성 단위	세포소기관	세포	인간
구성 단계	원자→분자→유기물→세포소기관→세포	세포→조직→기관→인간	인간→가족→사회,기업→국가→지구
중심 기관	핵	뇌	인간
환경	인체	지구	우주
진화의 방향	단순 〈-------------구조와 체제---------------〉 복잡		

세포, 인체, 생태계는 프랙탈(전체를 이루고 있는 부분의 구조가 전체의 구조와 유사한 모습을 나타내는 것) 구조를 가지고 있다. 지구는 인체의 확장이며, 인체는 세포의 확장이라는 점에서도 지구는 하나의 거대한 생명체다. 인체를 이루는 세포와 같이 인간은 지구라는 생명체를 구성하는 존재다. 인류가 존재함으로써 지구는 존재할 수 있지만, 인류는 지구 안에서 지구의 일부로서만 존재할 수 있다.

인류는 지구 생명체를 이루는 중심체로서, 개인의 책임과 의무를 다할 때 개인과 인류 전체의 행복은 물론 지구 생태계의 평형과 안정을 유지할 수 있다. 그리고 이웃, 친구, 가족, 동료들은 나와 분리될 수 없으며 그들이 존재함으로써 내가 존재한다는 사실을 자각한다면, 우리는 함께 하는 모든 것에 감사하고 서로 아끼고 존중하며 살지 않을까 싶다.

2. 다양성을 유지하라

다양성의 중요성

일반적으로 다양성은 '차이'를 포함하는 '여러 가지'를 의미한다. 생태계에서 '생물 다양성'이란 지구에 생존하는 생물종의 다양성, 생태계의 다양성, 생물이 지닌 유전자의 다양성을 총체적으로 지칭한다. 유전적 다양성은 한 생물종에 얼마나 다양한 대립 유전자가 존재하는가를 뜻한다. 대립 유전자의 종류가 다양할수록 급격한 환경 변화에서 개체군이나 종의 생존 가능성을 높일 수 있다. 생태계의 다양성은 생물 서식지의 다양한 정도를 나타내는 척도이며, 더 큰 생태계의 종 다양성을 높여준다. 개체들 사이의 유전적 다양성은 군집의 종 다양성을 유지하고, 군집의 종 다양성은 전체 생태계의 안정성과 다양성을 유지하는 원천이 된다. 따라서 생물 다양성을 보전하려면 유전적 다양성, 종 다양성, 생태계 다양성을 보전하기 위한 종합적인 노력이 필요하다.

생물 다양성은 생태계의 평형을 유지하는 데 있어 매우 중요하다. 생물 다양성이 높아 먹이사슬이 복잡한 생태계는 어떤 생물종이 사라져서 먹이사슬이 끊어져도 대체할 다른 먹이사슬이 있어서 생태계가 평형을 유지할 수 있다. 반면에 생물 다양성이 낮아 먹이사슬이 단순한 생태계는 어떤 한 종이 사라지면 대체할 생물이 적어 생태계의 평형이 깨지기 쉽다.

지구 생태계에서 생물 다양성은 인간을 포함한 지구상의 모든 생명체의 생존과 번영을 책임지는 '안전망' 역할을 한다. 생태계가 균형을 이루고 있으면 스스로 물과 공기의 오염 물질을 정화하고, 토양을 유지하며, 기후를 조절하고, 질병 발생을 억제하며, 영양분을 재활용해 인간에게 음식물을 제공한다. '침팬지 박사'로 유명한 제인 구달은 생물 다양성을 거미줄, 즉 '생명의 그물망'에 비유했다. 줄이 한두 개씩 끊어지면 거미줄이 점점 약해지는 것처럼, 동식물 종이 하나씩 없어지면 '생명의 그물망'이 끊겨 지구의 안전망에 구멍이 생기고, 균형이 무너진다는 것이다.

예를 들면, 산호는 수많은 해양 생물종에게 서식지를 마련해 준다. 이런 산호가 사라지면 해양 생태계 전체가 무너져 야생동물의 죽음과 종의 멸종으로 이어질 수 있다. 또 해저에서 발생한 지진과 파도의 충격을 흡수해 주는 역할도 감소하여 육지의 피해도 커진다. 해수의 지하수 유입이 쉬워지면서 육지의 지하수가 바닷물과 섞여 식수나 농업용수로도 사용할 수 없게 된다. 세계에서 가장 다양한 암초 생태계를 갖춘 호주의 그레이트 배리어 리프(Great Barrier Reef)가 지금 이러한 현상을 겪는다고 한다.

다음은 2021년 국제환경보호단체인 그린피스(Greenpeace)에서 발표한 생물 다양성이 필요한 이유 5가지다.

1. 자연은 우리에게 필요한 것을 제공한다. 모든 생명의 근원인

식량, 깨끗한 물과 공기는 인류 생존에 필수 불가결한 요소다. 자연은 기후를 조절한다. 탄소를 흡수하고 저장해 우리가 사는 지역의 기후를 안정화하는 역할로 급격한 이상기후 발생을 막아준다.

2. 자연은 우리를 보호해준다. 생물 다양성은 '생물 방어막'을 형성해서 코로나19와 같은 질병 발생을 억제한다. 산림은 이산화탄소를 흡수해 기후 위기 대응에 중요한 역할을 하고, 바다는 산림보다 더 많은 이산화탄소를 흡수하며, 해조류에서 발생하는 산소량은 지구 전체 발생량의 무려 70퍼센트나 차지한다.
3. 자연은 무기 원소를 순환하게 한다. 질소와 인은 지구상의 모든 생명체에 필요한 생물학적 무기 원소다. 그러나 공기 중의 질소와 토양의 인이 인간의 활동으로 과도하게 만들어져 토양과 바다에 투입되고 있다. 그 결과, 지구 전체의 질소와 인이 정상적으로 순환하지 않고 과도하게 축적되어 토양이 퇴화하고, 바다에는 수중 데드존을 만들고 있다.
4. 자연은 우리의 정신을 풍요롭게 한다. 우리는 자연의 일부다. 자연과 분리된 존재가 아니다. 누구나 자연 속에 머무는 것만으로도 일상에서 지친 스트레스가 해소되는 것을 경험해 보았을 것이다. 산림욕을 하면 식물의 피톤치드와 같은 물질과 신선한 공기와 향기로 안정감을 찾을 수 있다. 서양 과학에서

도 자연이 제공하는 심리적인 혜택은 널리 기록되어 있다.

5. 자연은 미래의 문제를 해결할 수 있다. 우리는 과학의 힘으로 과거에 몰랐던 자연의 가치를 발견하고 있다. 우리가 사용하는 항생제와 항암제의 80퍼센트 이상은 자연에서 유래한 물질이고, 중요한 의학 발전에 도움을 주었으며, 계속해서 도움을 줄 수 있는 자원이다. 신종 플루 치료제인 타미플루도 주요 성분은 스타아니스라는 식물의 방어물질이다. 이렇게 다양한 생물에서 추출한 물질이 의약품뿐만 아니라 의식주를 비롯한 다양한 산업에 사용할 수 있는 새로운 자원으로 재발견되고 있다.

생물의 멸종은 기후변화나 자연재해로 발생하기도 하지만, 단기간에 일어나는 멸종은 대부분 인간의 활동과 관련이 있다. 서식지 파괴와 단편화, 불법 포획과 남획, 환경오염, 외래 생물의 침입 등이 원인이다. 사회와 경제가 발전하면서 자연과 생명의 가치가 잊혀지고 있다. 과학자들은 수십 년 내에 약 100만 종의 생물이 멸종할 것이라고 경고한다. 이 속도는 자연적으로 발생하는 멸종 속도보다 수백 배 빨라 6번째 대멸종 위기로 치닫고 있다고 한다.

생물 다양성은 인류의 삶을 지탱하는 보루다. 더는 생물 다양성의 감소를 지켜만 보고 있어서는 안 된다. 우리는 자연의 일부다. 자연이 사라지면 인류의 미래도 없다. 생물 다양성의 위기를 해결하는 방법이야말로 생물 다양성의 손실을 막고, 기후 위기, 식량 위기, 코로나와 같은 전염병을 막는 최고의 방법이다.

생태계에서 다양성의 중요성을 인정하고 실천하는 일은 매우 중요하다. 따라서 다양성을 인정하고 실천하는 일은 일상생활에서 이루어져야 한다. 지구상에는 80억 명의 인구가 있지만, 한 사람도 같은 사람이 없다. 인류는 이미 충분히 다양하다. 그런데 정작 우리는 그 다양성을 충분히 살리지 못하고 있다. 여전히 자라는 아이들에게 공부만을 강요하고, 특정 직업인이 되라고 요구한다. 모든 일을 좋음/나쁨, 행복/불행, 선/악, 부자/가난으로 이분화하여 선택하라고 강요하고 있다.

인체에 없어도 되는 것이 있는가? 생명체를 구성하는 성분에는 필요 없는 것이 있을 수 없다. 그렇다면 지구 생명체라는 관점에서 없어도 되는 것은 무엇인가? 만약에 없어도 되는 것이 있다면 그것은 우리 모두의 책임일 것이다. 필요 없는 것은 처음부터 생겨날 수가 없다. 존재하는 모든 것은 필요하기 때문이다. 모든 것은 역할이 있다는 뜻이다. 필요와 불필요에 대한 판단은 자신만이 할 수 있다. 지구에 필요한지 불필요한지, 지구에 무엇이 필요한지는 지구만이 안다. 따라서 지구의 문제를 해결하는 방법은 지구적인 관점을 가질 때 가능하다. 필자가 강조하는 개체에서 전체로 관점 이동과 의식 확장이 필요한 이유다.

세포 입장에서 다른 세포를 이해할 수 없듯이, 사람은 자기 입장에서는 타인을 온전히 이해할 수 없다. 우리가 앞으로 나갈 때 오른발은 왼발이 뒤로 가는 이유를 알 수 없다. 오른발은 항상 자기와 반대로 움직이는 왼발을 오해하거나 싫어할 수 있다. 그러나 전체 측면에서 보면 왜 그렇게 되는지, 그리고 그것이 개인뿐 아니라 모두를 위한 최선이라는 사실을 쉽게 알 수 있다. 전체 입장에서는 서로 다른 것으로 인한 갈등이나 오해가 없다. 오히려 서로 다른 것에 감사하게 된다.

다름은 개성의 다른 말이다. 서로의 개성을 있는 그대로 인정할 때, 우리는 자신의 개성을 살리고 발전시켜서 각기 최고가 된다. 모두가 전체에 없어서는 안 되는 귀한 존재가 된다. 그런 면에서 우리 모두는 서로를 지지하고 격려해야 할 책임과 의무가 있다. 그것은 인류가 집단생활을 시작할 때, 이미 전체로서 함께 공존하기로 한 무언의 약속이었다. 따라서 존재하는 모든 것은 존재 가치를 인정받아야 한다. 개인적 관점에서 보면 이해할 수 없는 것들이 무수히 많겠지만, 지구적 관점에서 보면 너무나 명백한 사실이다. 우리는 모든 것의 다름을 인정하고, 그것의 존재 가치를 인정해 주어야 한다. 생물 다양성이 생태계의 평형과 안정을 유지시키듯, 인류의 다양성은 인류가 사는 지구를 더욱 안정시킨다. 따라서 나와 다른 것, 기존의 것과 다른 것이 있다면, 그것은 전체(지구, 우주)와 개인, 모두를 위해 반가운 일이며, 진심으로 감사할 일이 아닐까.

경쟁하지 말고 협력하라

사람이 마을을 이루고 모여 사는 것처럼 생물도 무리를 이루어 살아간다. 특정한 시간과 장소에서 함께 사는 같은 종의 무리는 개체와는 다른 고유의 특성을 가진다. 일정한 지역에 같은 종의 개체가 무리를 이룬 것을 '개체군'이라고 한다. 개체군 내의 개체들 사이에서 먹이, 서식 공간, 배우자 등을 차지하기 위한 경쟁이 심해지면 개체군을 유지하기가 어려워진다. 그래서 개체들 사이에는 경쟁을 피하고 질서를 유지하기 위한 다양한 상호작용(분서, 텃세, 순위제, 리더제, 사회생활, 가족생활 등)이 일어난다. 뿐만 아니라 일정 지역에서 여러 종의 생물이 생활하는 군집에서도, 종들 사이에는 다양한 상호작용(경쟁, 분서, 공생, 기생, 포식과 피식 등)으로 종의 다양성을 유지하고, 군집의 질서와 안정을 유지한다.

필자는 이러한 생물들 사이의 상호작용을 이해하면서 다음과 같은 결론을 얻었다.

첫째, 경쟁하는 두 종은 공존할 수 없다. 먹이나 서식지 등 환경 요구 조건이 비슷한 두 종의 개체군이 일정 지역에서 함께 살면 이들 사이에는 먹이나 생활공간을 차지하기 위해 종간 경쟁이 일어나고, 경쟁이 심한 경우 한 개체군은 도태되어 완전히 사라진다. 이처럼 경쟁은 종 다양성을 감소시켜 생태계를 위험에

빠뜨린다. 따라서 함께 공존하기 위해서는 가급적 경쟁을 피해야 한다.

둘째, 서로 영향을 주지 않는 두 종은 공존할 수 있다. 환경 요구 조건이 비슷한 두 개체군이 공존하기 위해 서식지, 먹이, 활동 시기, 산란 시기 등을 서로 달리하는 현상(분서, 생태적 지위 분화라고 함)을 볼 수 있다. 즉, 경쟁을 피하기 위해 생활 습성을 달리 하거나 서식지를 달리하는 것이다. 따라서 경쟁을 하지 않으려면 서로에게 영향을 주지 않는 관계를 만들어야 한다.

셋째, 협력하는 두 종은 함께 발전한다. 자연계에서 다른 두 종의 개체군이 서로 밀접하게 관계를 맺고 함께 공존하는 것을 '공생'이라고 한다. 이때 한쪽은 이해가 없고, 한쪽만 이익을 보는 경우를 '편리공생', 양쪽이 함께 이익을 보는 경우를 '상리공생'이라 한다. 상리공생은 두 종이 서로 긴밀하게 협력관계를 형성함으로써 함께 윈-윈(win-win)하는 가장 이상적인 공존의 형태를 보여준다. 경쟁이 아닌 긴밀한 상호 협력관계를 이룰 때 함께 성장, 발전할 수 있는 것이다.

이처럼 질서와 균형을 유지하기 위해 생물군집 내에서 일어나는 생물들 사이의 다양한 상호작용에서 우리는 함께 발전하는 지혜를 배울 수 있다. 언제부터인지 우리는 '경쟁'이라는 단어에서 승자와 패자를 머릿속에 그리게 되었다. 그리고 지금 우리 사회는 지나치게 공부를 강조하고, 특정 직업에 선호도를 높임으로써 경쟁을 부추기고 있다. 지나친 경쟁은 개인뿐 아니라 사회와 국가의 안정과 생존을 위협한다. 성장과 발전은 경쟁이 아니라 협력할 때 일어난다는 사실을 기억했으면 좋겠다.

"스포츠 심리학자인 마이크 제바이스의 말에 따르면, '경쟁'이라는 단어는 '함께 노력한다'는 뜻을 지닌 라틴어에서 왔다. 어원으로 본다면, 다른 사람을 이겨야 한다는 뜻이 아니라 협력이 곧 경쟁임을 알 수 있다."

이는 심리학 교수인 앤젤라 더크워스(Angela Duckworth, 1970~)의 말이다. 그녀는《그릿》에서 다음과 같이 썼다.

"다른 사람을 이기는 것은 경쟁이 아니다. 경쟁은 탁월성을 의미하고, 어제보다 나음을 의미한다. 타인을 이기는 것이 아니라 내일 자신의 기량이 오늘 기량을 넘어서는 것이 경쟁이다. 결국 경쟁하라는 말은 협력을 통해 최선을 추구하라는 말이다."

우리는 자신의 개성을 살려 각자의 분야에서 모두에게 필요한 일을 하도록 해야 한다. 서로 다름을 인정하고 존중함으로써 각자의 개성을 살리도록 한다면 경쟁이 아닌 협력으로 전체가 함께 발전할 수 있다. 모두가 유일하고 최고이며 없어서는 안 되는 존재가 될 수 있다. 그리하면 서로를 존중하고, 서로에게 감사하며, 모두 함께 행복한 삶을 살 수 있다.

3. 지구 속의 인간

"건강을 유지하는 것은 자신에 대한 의무이며, 또한 사회에 대한 의무이다."

_ 벤자민 프랭클린

건강의 중요성은 아무리 강조해도 지나치지 않다. 건강은 왜 이토록 중요할까? 몸은 세포라는 작은 생명체로 되어 있다. 인류는 지구 또는 우주라는 더 큰 생명체를 이루는 중심 단위다. 우리의 건강은 내부로는 세포들의 생존과 직접 연결되고, 외부로는 지구 생명체의 생존과도 연결된다. 두말할 필요 없이 우리 자신의 생존과도 연결된다. 인간은 존재하는 모든 생명체와 연결된다. 이토록 중요한 존재인 우리는 무엇을 어떻게 해야 할까?

생태계에서 인간은 먹이사슬의 최종 소비자며, 생태계 피라미드의 최정상에 위치한다. 그러나 인간은 식물이 생산한 유기물을 소비하면서 살아가는 소비자로서 식물이 없으면 생존하지 못한다. 세균, 곰팡이와 같은 분해자가 없어도 생존하지 못한다. 인간은 생태계의 구성 요소로서 다른 요소들과 조화를 이룰 때 함께 생존할 수 있다.

한편 지구 생태계에서 인간은 인체의 뇌에 해당한다.(〈표1 참조〉) 뇌가 끊임없이 정보를 교환하며 인체 모든 기관의 기능을 조절하고, 생각, 기억, 판단, 추리 같은 복잡한 정신활동에 관여하듯, 지구 생태계에서 인간은 지구 곳곳에서 일어나는 모든 일에 영향을 미치고 있다. 지구 속에서 인간의 역할을 다시 생각할 필요가 있는 이유다.

인간은 환경의 동물이다. 동시에 생각하는 동물이다. 전자만 생각하면 우리는 환경의 지배를 받는 수동적 존재로 전락한다. 그러나 후자를 자각하면 지구라는 생태계에서 인간의 존재 가치와 역할은 크게 달라진다. 우리는 환경의 영향을 받지만, 스스로 환경을 보전하고, 나아가 우리에게 더 좋은 환경으로 바꿀 수 있다. 스스로 지구를 더 살기 좋은 환경으로 만들 수 있다는 뜻이다. 인간에게는 발달한 대뇌가 있고, 생각하는 능력이 있기 때문이다.

지구는 80억 명의 인류를 중심으로 한 하나의 거대한 생명체다. 세포는 건강한 인체 안에서만 생존을 보장받는다. 따라서 인체의 건강을 위해 세포들은 끊임없이 소통하고 협력한다. 그렇다면 우리는 건강한 지구 안에서 인류의 생존을 보장받기 위해서 끊임없이 소통하고 협력해야 하지 않을까? 이것이 바로 인간에게 대뇌가 발달하고, 생각하는 능력이 있는 이유가 아닐까? 이러한 사실을 자각하고, 우리가 얼마나 중요한 존재인지 알아야 한다. 지구의 주인으로서 주인의식을 가져야 한다.

지구는 살아 있어서 끊임없이 생명활동을 한다. 생명활동의 중심에는 인간이 있다. 인체를 이루는 세포 하나하나가 인체의 특성을 결정짓듯, 한 사람 한 사람의 생각이나 행동이 지구의 특성을 결정짓고, 지구의 운명을 좌우한다. 우리는 대부분 '나'라는 존재를 개인인 나로 한정 짓는다. 이제 전체인 지구 또는 우주적 입장에서 최소한 이웃, 사회, 국가, 나아가 인류 전체를 '나'라고 생각할 수는 없을까? 나는 이웃, 사회, 국가, 인류 전체, 자연 등 그 어느 것과도 분리될 수 없다. 그렇게 본다면 '나'를 무엇이라고 생각하느냐는 내가 마음먹기에 달려 있다.

인간은 지구의 주인이다

지구 생태계의 평형을 유지하고, 안정을 회복하는 일은 지구가 건강을 회복하는 길이자, 인류 전체는 물론 개인의 행복을 실현하는 길이다. 우리는 지구 생태계의 평형과 안정을 책임져야 하는 지구(또는 우주의)의 주인이다. 따라서 환경오염, 지구온난화, 지구 생태계의 파괴 등은 인류가 직면한 문제인 동시에 인류가 아니면 해결하지 못하는 문제다.

우리는 이제 환경에 의해 수동적으로 변하는 존재가 아니라, 능동적으로 환경을 바꾸는 존재가 되어야 한다. 그러기 위해서는 우리의 관점이 바뀌어야 한다. 지금까지 그러했듯이 개체적 관점에서의 발전은 갈등과 문제를 일으킬 뿐이다. 그것은 지금까지 인류의 발전과 함께 나타난 많은 문제점에서 충분히 알 수 있다. 이제 우리는 개체에서 전체로 관점을 전환해야 한다. 한마디로 지구의 주인으로서 주인의식을 가져야 한다. 인체 건강을 위해서는 뇌 건강이 필수이듯, 지구 건강을 위해서는 인류의 건강하고 올바른 주인의식이 우선적이며 필수적이다.

그렇다면 올바른 주인의식이란 어떤 것일까? 주인의식의 사전적 정의는 '일이나 단체 따위에 책임감을 지니고 이끌어가야 한다는 의식'이다. 주인의식에서 특별히 책임감이 강조되는 이유는 주인이 가진 신념이나 생각이 전체에 미치는 영향이 크기 때문이다. 지구 생태계에서 우리는 주인으로서 무거운 책임감과 함께 신중하면서도 올바른 판단을 할 의식을 갖춰야 한다. 주인이라는 점만 내세워 마음 내키는 대로 행동한다면 지구는 결코 인류의 행복한 삶의 터전이 될 수 없을 것이다.

주인의식이란 무엇이든 자기 마음대로 하는 것이 아니라, 책임과 함께 자신의 행동이 전체에 미칠 영향을 예측하고 신중해야 한다는 의미를 내포한다. 우리가 훼손한 지구는 인류가 삶을 영위하는 더 큰 생명체며, 우리 존재의 근원이 아닌가? 지구가 건강해야 인류의 생존도 보장받는다. 이것이야말로 오랫동안 잊고 살아온 우리 인류가 알아야 할 진실이 아닐까?

7장
인간과 환경

1. 변화에 적응하라

'진화'는 생물 집단이 여러 세대를 거치면서 변화를 축적하여 집단 전체의 특성을 바꾸고, 나아가 새로운 종의 탄생을 형성하는 자연현상을 가리키는 생물학 용어다. 18세기 이후 화석을 발견하고, 지질학이 발달하면서 사람들은 생물이 변할 수 있다고 생각하게 되었다. 이 영향을 받은 다윈은 오랜 연구 끝에 자연 선택에 의한 진화를 주장하는《종의 기원》을 출판했다. 다윈의 '진화론'은 세계적으로 엄청난 논란을 불러일으켰다. 여러 과학자들이 다윈의 진화론을 검증하고, 수정 · 보완하면서 진화론은 점차 생명과학의 여러 분야를 통합하는 이론으로 자리 잡았다. 진화론의 확립으로 유전학을 비롯한 생명과학의 거의 모든 분야는 생물의 진화에 근거해 생명현상을 설명하는 방향으로 발전했다.

이후 진화론은 생명과학뿐 아니라 정치, 경제, 사회, 문화, 철학 등 많은 분야에 큰 영향을 미쳤다.

일반적으로 '생물이 진화했다'는 표현보다 '생물이 진화되었다'는 표현을 사용하는 것을 보면 진화를 능동적이기보다는 수동적인 개념으로 이해하고 있음을 짐작할 수 있다. 이것은 진화를 개체 생물의 관점에서 환경과 생물을 분리하고, 끊임없이 변하는 환경 속에서 생물도 변화할 수밖에 없다고 보는 견해다. 다윈의 자연선택설(다윈 진화론의 핵심으로 환경에 적응된 형질을 갖는 개체가 살아남아서 자손을 남기고 생존한다는 이론) 또한 어느 정도 개체의 주관적 관점을 벗어나긴 했지만, 생물과 환경을 여전히 분리하고 있다는 점에서 전체의 관점에서 설명하지 못하고 있다.

열역학 제2법칙에 근거해 개체를 하나의 독립된 고립계로 보거나 철학의 에고적 관점에서 보면, 인간은 본능적으로 변화를 싫어한다. 세포 또는 개체 생물의 관점에서 생물은 환경에 의해 수동적으로 바뀔 수밖에 없는 존재이므로, 진화는 '되는 것'으로 표현하는 게 맞을 것이다. 그러나 필자는 진화를 어떤 관점에서 어떻게 해석하는 것이 인류에게 더 긍정적이고 유익할지 생각해 보아야 한다고 말하고 싶다. 그렇다면 인류가 살아남아 무한한 가능성을 계발하고, 더 풍요롭고 행복하게 살기 위해서는 진화를 어떤 관점에서 이해하는 게 좋을까? 다음은 진화의 개념을 새로이 정립하기 위해 고려했으면 하는 것이다.

진화는 무엇이며, 누가 일으키고 있는가?

과학자들에 따르면, 진화에 성공한 생물이 있는 반면, 적응하지 못하고 퇴화해 멸종한 생물도 많다. 지금 지구상에 사는 생물종을 보라. 개체적 관점에서 보면 이들이야말로 지구 탄생 이후 환경 변화에도 불구하고 살아남은 종들이다. 그러나 앞서 말했듯, 생태계에서 보면 어떤 생물도 분리되어 존재할 수 없다. 가장 진화했다는 인간도 단독으로는 살지 못한다. 생산자, 분해자를 비롯하여 공기, 땅 등 무기환경적 요소들이 있어야 한다. 지구환경을 떠나 스스로 존재할 수 있는 생명체는 없다. 생태계의 모든 생명체는 다른 모든 것에 의해 살려지고 있다. 따라서 진화도 개체 생물의 관점이 아닌 전체의 관점에서 보아야 한다.

그런 의미에서 진화라는 개념을 재정리해야 하지 않을까 싶다. 진화란 환경과 생물이 분리되어 존재하면서 생물이 환경에 적응하여 변화하는 것이 아니라, 지구(우주)라는 하나의 생명체 안에서 일어나는 생명현상이라고 말이다. 지구 탄생 이후 출현과 멸종을 거듭해온 크고 작은 생명체들과 현존하는 모든 생명체는 지구라는 생명체에서 일어나는 생명활동에 의한 현상이라고 할 수 있다.

진화학자들은 지금 지구상에 살아 있는 모든 생물의 조상이 같다고 말한다. 그 조상은 과연 누구고, 어디에 있을까? 옛날에 있었지만 지금은 사라진 어떤 생물종이 아니라, 지금 이대로의 우주가 바로 원래부터 존재해 온 모든 생명체의 조상이자 근본인 동시에, 지금 우리 눈앞에 펼쳐진 모습 이대로가 우주 대생명체의 모습이다. 바람이 불고, 나뭇잎이 떨어지고, 자동차들이 기계음을 내며 지나가는, 지금 우리 눈 앞에 펼쳐지는 일련의 모습이 바로 우주가 살아 있음을 보여주는 생명활동의 현상이다. 그렇다면 우주라는 대생명체 안에서 인간은 어떤 존재일까?

생물 개체의 입장에서 보았을 때 현존하는 생물 중 가장 적응을 잘하고 진화한 생물을 선택하라면 필자는 단연코 단세포생물을 꼽는다. 단세포생물이야말로 지구 탄생 이후 가장 먼저 출현해 지금까지, 어떤 환경에서든 적응해 가장 오랫동안 생존해 온 생물이기 때문이다. 그러나 과학자들의 생각은 다르다. 지구상에서 가장 늦게 출현한 인간을 가장 진화한 생물이라고 말한다. 변화의 최종 단계, 즉 가장 최근에 탄생했을 뿐만 아니라 생존경쟁에서 이길 수 있는 생물이 없다는 것이 그 이유다. 인간의 생존능력을 가능하게 한 것은 바로 뇌, 그중에서도 대뇌일 것이다.

그러나 인간도, 뇌도 모두 세포들이다. 지구라는 생명체에서 보면 세포, 식물, 동물, 인간, 뇌는 모두 지구를 이루는 부분으로서 각각의 모양에 따라 제 역할을 할 뿐이다. 인체에 세포-조직-기관-기관계-인간이라는 구성 단계가 있듯, 지구에는 인간-가족-사회-국가-지구라는 구성 단계가 있다. 지구라는 생명체를 이루는 기본 단위가 인간이 되는 셈이다.

지금까지 모든 생명체의 기본 단위는 세포라고 배웠다. 그것은 인간이라는 개체적 관점에서 본 것이다. 이제 지구(우주) 차원에서 생명체의 기본 단위는 세포가 아닌 인간이 되어야 한다. 기관계-기관-조직-세포는 식물과 동물 그리고 인간을 이루는 소단위가 되어야 한다. 지구에서 인간은 인체의 뇌와 같은 역할을 해야 한다. 어쩌면 인간이야말로 지구 진화의 꽃이요 결실이 아닐까 싶다. 어쩌면 지구는 인간의 탄생을 위해 진화를 해오지 않았을까 싶기도 하다.

적응은 변화를 수용하는 것이다

환경에 따라 생물의 구조나 체제가 변하는 현상을 적응이라고 한다. 진화는 생물 집단이 여러 세대를 거쳐 집단 전체의 특성을 바꾼 결과 새로운 종을 탄생하는 자연현상을 가리킨다. 그렇다면 적응과 진화는 하는 것인가, 되는 것인가? 이 물음에 맞는 답은 변화를 어떻게 받아들이는가에 달려 있다. 필자는 변화를 능동적으로 받아들이기를 권한다. 필자의 경험에 비추어 보았을 때, 삶은 수동적일 때보다 능동적일 때 결과가 긍정적이고 성공적이었기 때문이다.

세포가 변화를 싫어해서일까? 기본적으로 생물은 일정한 환경을 좋아한다. 특히 인간은 편하고 쉬운 것을 좋아하며, 하던 대로 하려는 경향이 강하다. 습관이라는 행동 경향도 사실은 신체를 효율적으로 사용하기 위해 우리의 뇌와 신경계가 동일한 자극에는 동일한 반응이 일어나도록 신경회로를 만들기 때문이다. 이는 마치 컴퓨터에 일정한 프로그램이 설치된 것과 같다. 이러한 프로그램의 장착은 생물이 자극에 반응하는 데 소모하는 에너지를 줄인다는 점에서 생존을 위해 유용한 생존 전략이다.

생물이 새로운 환경에 적응한다는 것은 그 환경에 맞는 구조와 체제 그리고 새로운 프로그램의 장착을 의미한다. 이러한 이유로 생물이 환경 변화, 즉 새로운 환경을 싫어하는 것은 당연하다. 하지만 매 순간 끊임없이 변하는 환경 속에서 살아가는 생물이 일정한 환경을 고집하거나 집착하는 일은 가능하지도 않을 뿐만 아니라 어리석은 일이다. 따라서 새로운 환경에 맞는 구조와 새로운 프로그램을 장착하려면 무엇보다 먼저 변화를 수용해야 한다. 환경에 맞게 구조와 체제를 바꾸는 것이 저항에 비해 에너지 소비를 줄일 수 있기 때문이다. 우리 일상에서 저항보다 수용을 강조하는 이유도 여기에 있다.

기본적으로 생물은 일정한 환경을 좋아한다. 그래서 환경이 변하면 사람이나 동물은 대체로 기존의 환경과 비슷한 장소를 찾아 이동한다. 인간은 자신을 바꾸기 위해 다른 환경을 찾아 떠날 때(여행, 유학 등)도 있으나, 어디까지나 일부 인간에 한정한 경우다. 유전적으로 다른 사람이 오랫동안 같은 환경에서 살다 보면 서로 비슷한 형질을 나타내는가 하면, 유전적으로 동일한 일란성 쌍둥이라 하더라도 서로 다른 환경에서 자라면 다른 형질을 나타낸다. 이처럼 환경이 생물에 끼치는 영향은 매우 크다.

변화는 새로운 나를 발견하는 과정이다

"고난이 있을 때마다 그것이 참된 인간이 되어 가는 과정임을 기억해야 한다."
_ 괴테

환경의 급격한 변화가 있을 때마다 생물은 생존을 위협받는다. 그때마다 그들은 생활방식(구조나 체계)을 바꿔야 했고, 그렇지 못한 종은 지구상에서 사라졌다. 진화의 원동력은 바로 이러한 환경이 주는 스트레스였다. 인류를 비롯한 생물들이 변화라는 시련을 겪으며 혁신을 하지 않았다면 어떻게 발전하고 진화할 수 있었겠는가?

고난에 관한 명언이나 격언이 헤아릴 수 없이 많은 것도 그만큼 고난이 우리 삶에 중요한 의미가 있다는 방증일 것이다. 인간은 고난을 겪으며 성장하고 발전한다. 우리는 주변에서 도저히 불가능하다고 생각한 일을 기적처럼 해내는 경우를 볼 수 있다. 시련과 역경을 통해 나를 알 수 있고, 변화를 통해 성장하고 생존할 수 있다는 점에서 시련과 역경을 만나는 것은 얼마나 행운인가? 환경과 생물의 관계를 생각할 때 이 말은 더욱 큰 의미로 와닿는다.

환경이 변하면 지금까지의 구조와 체제로는 생존이 힘들어진다. 지금까지와는 다른 시스템이 필요해진다. 그래서 생물은 달라지지 않으면 안 된다. 사람은 편안하고 좋은 환경에서는 발전할 수 없다. 그런 환경에서는 자신이 지닌 무한한 가능성이 발현될 수 없다. 발현되지 않는 능력은 알 수도 없을뿐더러 있어도 소용없다. 그런데도 사람들은 대부분 편안함에 안주해 새로운 것에 도전하지 않는다. 자신 안에 있는 능력을 사용하기는커녕 평생 자신에게 어떤 능력이 있는지도 모른 채 살다가 죽는다.

앞에서도 말했듯이 모든 생명체는 생존 의지와 함께 생존을 위한 놀라운 능력이 있다. 생존을 위협받을 때 기적과도 같은 놀라운 능력을 발휘하는 사람이나 동물을 종종 볼 수 있다. 생물은 생존에 위협을 느낄 때 최선을 다한다. 위협을 느낄 때 잠재 능력이 발휘되고, 변화한 새로운 모습으로 거듭난다. 변화에 도전하라. 그렇지 않으면 자신의 무한한 능력을 제대로 알지도, 사용해 보지도 못한 채 죽을 때까지 자신을 하찮은 존재라 생각하며 보잘것없는 삶을 살게 될지 모른다.

"난세에 영웅이 난다"는 말이 있다. 위기 상황에서 사람의 능력이 발휘되고, 드러난다는 뜻이다. 누구에게나 잠재 능력이 있다. 있지 않은 것이 나올 리 없다. 내 안에 있으므로 발견할 수 있고, 드러나는 것이다. 단지 주인인 당신이 그 능력을 발견하지 못하고 있을 뿐이다. 그렇게 본다면 영웅은 고난과 역경을 통해 나올 수밖에 없다. 고난과 역경을 맞아 극복하는 과정에서 자신의 능력을 발견하고, 발휘하기 때문이다.

그러나 고통을 마주했을 때 사람마다 발휘되는 능력은 같지 않다. 필자는 그 원인으로 두 가지를 생각한다. 첫째는 자신을 어떤 존재로 생각하느냐 하는 것이다. 스스로 10의 능력밖에 없다고 생각하는 사람은 100의 능력이 있다 한들 10만큼만 발휘할 것이다. 나머지 90의 능력은 사장된다. 둘째는 고통을 마주하는 자세다. 고통의 순간을 능동적으로 대처하며 이겨내느냐, 어쩔 수 없이 견디어 내느냐에 따라 발휘하는 능력은 분명한 차이가 있다.

죽기를 각오하고 도전하는 사람은 엄청난 능력을 발휘한다. 죽기를 각오하는 순간 당신은 다른 사람, 즉 나를 초월한 새로운 존재가 된다. 자신 안에 존재하는 놀라운 능력을 만나게 되며, 이를 통해 당신은 자신이 어떤 존재인지를 알기 시작한다. 그리하여 지금까지 가져본 적이 없는 완전히 새로운 관점을 가지게 된다. 그렇게 본다면 매순간 죽기를 각오하는 사람, 즉 변화를 수용하고, 능동적으로 변화에 대응하면서 매순간 새로운 나를 발견하는 사람이야말로 가장 잘 적응하고 진화하는 사람이 아닐까 싶다.

변화는 저항이 아닌 수용의 대상이다

생물의 생존에는 에너지가 필수다. 생물이 사용할 수 있는 에너지는 한정되어 있다. 저항은 수용에 비해 많은 에너지를 소모한다. 따라서 생물에게 저항이냐 수용이냐의 선택은 생존을 좌우할 수도 있다. 필요한 곳에 사용해야 할 한정된 에너지를 불필요하게 소모하는 일은 생존을 위협할 수도 있기 때문이다. 사실 변화에 대한 수용과 저항의 문제는 삶에서 매순간 우리가 하는 선택과도 직결된다. 우리가 왜 저항하기보다 수용을 해야 하는지 인체를 통해 한번 생각해 보자.

인체에서 티록신은 생리 기능을 조절하는 중요한 호르몬으로, 목부분에 있는 갑상선이라는 내분비샘에서 생성되어 혈액으로 분비된다. 분비된 티록신은 혈액을 타고 온 몸으로 운반되어 표적세포나 표적기관에 작용한다. 티록신의 대표적 기능은 세포들의 물질대사를 촉진하는 것이다. 체내 세포들의 기본적인 대사에 관여하여 성장 발육을 촉진하며, 에너지 생성을 증가시키고, 체온을 조절하는 중요한 역할을 한다.

티록신이 부족하면(갑상샘 기능 저하증) 세포의 대사 속도가 느려지면서 몸이 무기력해지고, 식욕이 감소하고, 체중이 증가하며, 심장 박동수가 감소하고, 추위를 참지 못하며, 피부에 단백질이 축적되어 점액 부종이 생긴다. 반면에 티록신이 지나치게 많이 분비되면(갑상샘 기능 항진증)은 세포의 대사 속도가 빨라져 심장이 빨리 뛰고 몸에서 열이 많이 나므로 체온이 올라가고, 더위를 느끼게 된다. 이때 세포들의 활동 증가로 영양소 소비량이 증가하면서 식욕은 왕성해지지만 체중은 감소하는 현상이 벌어진다. 또한 기온이 떨어져 체온이 내려가면 체온이 떨어지지 않도록 인체는 갑상선으로 하여금 티록신 분비를 증가시키고, 티록신은 다시 심장과 온 몸의 세포 활동을 촉진한다. 이때 인체는 열 생성량을 증가하여 체온을 유지한다.

여기서 한번 생각해 보자. 인체에서 체온이 떨어진다는 신호를 보내도 갑상선의 호르몬 분비 세포들이 수용하지 않거나 수용하더라도 티록신을 분비하지 않는다면 어떻게 될까? 티록신을 분비했다 하더라도 표적세포나 표적기관에서 티록신을 받아들이지 않아서 대사활동을 거부한다면 인체는 어떻게 될까? 세포는 단순하게 생각하면 늘 하던 대로 하는 것이 편하고 좋을 것이다. 때로는 더 빨리, 때로는 더 느리게 하라고 누군가 명령하듯 재촉한다면 짜증 나고 화나는 일일 것이다. 그러나 세포들은 변화(자극)에 판단하거나 시비하지 않는다. 늘 변화에 순응할 뿐이다. 전체에서 일어나는 일을 신뢰하고 수용한다. 그렇지 않았다면 인체는 물론 인체를 이루는 세포들은 존재하지 못할 것이다.

생명현상(생체 내에서 일어나는 모든 전기 화학적 반응)은 절대적으로 비가역적이다. 일단 한번 일어나면 돌이킬 수 없다. 이러한 현상은 우리의 일상생활에서도 그대로 적용된다. 지구라는 생명체에서는 끊임없이 생명활동이 일어나고, 그로 인한 변화가 쉬지 않고 일어난다. 모든 변화는 지구를 구성하는 요인들의 상호작용으로 일어나는 현상이며, 지구가 살아 있는 생명체이기에 나타나는 생명현상이다.

지구의 극히 일부분인 우리는 개인마다 처한 상황이나 경험이 다르다. 그러므로 개인은 자신이 보고 경험하는 상황이 왜 일어나는지 이해할 수도 없고, 바꿀 수도 없다. 이 사실을 깨닫지 못한 사람은 '나에게 왜 이런 일이 일어나는 거야?', '이럴 수는 없어'라고 불평할 것이다. 마치 일어나면 안 될 일이 일어난 것처럼 '이래서는 안 된다'고 하며 억울해 할 것이다. 그러나 그것은 에너지(힘)를 낭비할 뿐이며, 스트레스를 만들 뿐이다. 그리하여 정작 할 수 있고, 해야 할 일을 못하고 지나는 경우가 얼마나 많은가? 현실을 있는 그대로 인정하고, 받아들이는 것만으로도 삶은 매우 편안해질 수 있다.

중간고사나 기말고사가 다가오면 시험 공부를 한답시고 영어 시간에는 수학 공부를, 수학 시간에는 영어 공부를 하는 학생들이 있다. 수업하는 선생님의 눈치를 보며 하는 공부가 잘될 리 없다. 시간만 낭비할 뿐이다. 그뿐만이 아니다. 다른 과목을 공부하느라 놓친 수업 결손을 보충하기 위해 몇 배의 시간과 노력을 해야 하거나 영원히 회복하지 못할 수도 있다.

현실은 저항의 대상이 아니라 수용의 대상이다. 무시나 부정은 저항이다. 반면에 인정하고 허용하는 것은 수용이다. 현실을 있는 그대로 온전히 인정하고 허용할 때, 우리는 비로소 자신이 무엇을 할 수 있는지 알고 최선을 다하게 된다. 그로 인해 결과도 당연히 최선이 된다.

2. 우리는 서로의 환경이다

"너나 잘 하세요."

나이가 들면서 유난히 가슴에 와닿은 말이다. 젊은 시절 필자는 어린 아들보다는 낫다는 생각에 아들의 일을 대신해 주려 할 때가 많았다. 아들이 내가 하는 것을 보면서 더 빨리 배울 것이라 생각했고, 그것이 아들을 위한 최선인 줄 알았다.

그런데 나이가 들면서 나는 내가 할 수 있는 일만 할 수 있을 뿐, 상대를 대신해 줄 수도 없고, 해주어서도 안된다는 것을 알았다. 나는 상대를 바꿀 수 없으며, 상대를 바꾸려면 내가 먼저 바뀌어야 한다는 것도 깨달았다. 누구에게나 각자의 일이 있다. 각자 자신의 일에 최선을 다하는 것이 자신과 모두를 위한 최선이며, 그들이 할 수 있는 일과 내가 할 수 있는 일이 명백하게 다르기 때문에 그들의 일은 그들의 몫일 수밖에 없다.

필자는 생물을 그렇게 오랫동안 공부하고, 심지어 30년 가까이 가르치면서도 간과한 것이 있었음을 뒤늦게야 깨달았다. 그

것은 바로 생물은 환경의 동물이라는 사실이다. 이제 그것에 대해 이야기해보려고 한다

진인사 대천명(盡人事 待天命)하라

인체를 이루는 100조 개가 넘는 세포의 모양이 제각기 다른 것은 인체에서 그 역할과 기능이 다르기 때문이다. 인체에서 세포들은 각기 제 기능에 최적화된 모양을 하고 있다. 그리고 자신의 역할만 할 뿐, 다른 세포들의 모양이나 하는 일에 간섭하지 않는다. 다른 세포들을 자기 뜻대로 바꾸려 하지도 않는다. 만약 어떤 세포가 다른 세포들을 모두 자기처럼 또는 자기가 원하는 모양으로 바꾸어 버린다면 인체는 어떻게 될까? 특정 기능을 하던 세포가 없어짐으로써 인체와 다른 세포들까지 생존에 위협을 받는다.

그렇다면 인체에서 다른 세포나 조직 또는 기관에 영향을 주고 싶을 때 그들은 어떻게 할까? 이들은 일방적으로 요구하지 않는다. 자신은 아무것도 하지 않으면서 상대에게 어떤 것을 강요하지 않는다. 상대에게 원하는 것이 있으면 먼저 자신이 할 수 있는 것만 한다. 그다음은 전적으로 상대나 전체에 맡긴다.

이것을 앞에서 말한 갑상선과 티록신 그리고 표적세포에서 생각해 보자. 인체에서 호르몬은 생성되는 기관과 작용하는 세포 또는 기관(표적세포, 표적기관)은 정해져 있다. 갑상선이 인체

세포의 물질대사를 촉진하기 위해서는 자신이 먼저 티록신을 만들고 분비해야 한다. 분비된 티록신은 혈액을 따라 표적세포로 전해진다. 이때 갑상선은 티록신의 생성과 분비만 할 뿐 티록신의 운반이나 작용 그리고 물질대사에는 관여하지 않는다.

표적세포가 티록신을 수용하거나/수용하지 않는 것, 그리고 물질대사를 활발하게 하거나/하지 않는 것, 그리고 얼마나 수용해서 얼마나 물질대사를 활발하게 할지는 갑상선이 아닌 표적세포와 표적기관 또는 다른 요인에 의해 결정된다. 갑상선이 물질대사를 증가시키기 위해 할 수 있는 일은 오직 티록신을 만들고, 분비하는 일뿐이다. 인체의 물질대사 속도와 양은 갑상선이나 티록신의 양과 표적세포 그리고 인체의 더 많은 요인에 의해, 인체 전체의 균형과 조화를 이루어 결정되기 때문이다.

이것을 갑상선이나 티록신의 관점에서 보면 "진인사 대천명(盡人事 待天命)"이라는 말로 표현할 수 있지 않을까 싶다. 자신이 할 수 있는 최선은 다하되 결과는 하늘에 맡긴다는 의미가 바로 이런 것이 아닐까? 마찬가지로 지구에는 80억 명이 살지만 한 사람도 같은 사람이 없다. 그것은 저마다의 역할과 기능이 다름을 의미한다. 이를 통해 우리는 모두가 각자의 위치에서, 자신이 처한 상황에서 최선을 다해야 함을 기억할 필요가 있다. 어떤 이유에서든 자기 생각만으로 상대를 바꾸려고 한다면 그것은 불가능할 뿐만 아니라 오히려 서로를 힘들게 할 수 있으며 누구에게도 도움이 되지 않는다.

이것은 생물과 환경의 관계, 나와 전체의 관계 속에서도 알 수 있다. 환경은 나(생물)를 둘러싼 모든 것이며, 나는 환경 속에서 살고 있다. 환경은 내가 있기 전부터 있었고, 나는 그 속에서 나타났다 사라지는 존재일 뿐이다. 하지만 내가 바뀐다면 그것이 작은 원인이 되어 상대나 주변이 바뀔 수도 있다. 왜냐하면 모든 변화의 중심에는 항상 '나'라는 존재가 있고, 내가 변하지 않으면 아무런 변화도 기대할 수 없기 때문이다. 이는 환경을 변화시키기 위해 내가 먼저 변해야 하는 이유이기도 하다.

나를 먼저 변화시켜라

"내가 싫은 일을 남에게 시키지 마라"는 말이 있다. 내가 하기 싫은 일은 상대도 하기 싫어하니 남에게 떠넘기려 할 것이 아니라 내가 먼저 해야 한다는 뜻이다. 생물은 변화를 싫어한다. 그러나 환경이 변하면 어떻게 될까? 생물은 변화를 선택할 수밖에 없다. 환경을 떠나서는 존재할 수 없기 때문이다.

이 원리를 우리 삶에 적용해 보자. 상대 입장에서 보면 나는 그의 환경이다. 환경인 내가 먼저 변하면 상대는 바뀌지 않을 수 없다. 오른발이 앞으로 나가면 왼발의 위치는 바뀔 수밖에 없다. 하나 안에서는 한 곳에 변화가 일어나면 주변은 저절로 변한다. 전체가 균형과 조화를 이루어야 하기 때문이다. 이것이 바로 내가 바뀌면 상대가 바뀌는 이유며, 상대를 바꾸려면 내가 먼저 변해야 하는 이유다.

가령, 오랫동안 당신과 함께 생활해 온 사람(가족)을 생각해 보자. 그는 당신의 행동과 생활방식에 이미 적응해 있을 것이다. 에너지 효율 면에서 변화를 시도할 이유가 전혀 없다. 그의 입장에서는 현재 이 상태를 최대한 유지하는 것이 최상의 생존 전략이다. 관성의 법칙은 물체뿐 아니라 모든 생물에도 적용된다. 그래서 당신이 먼저 변해야 하는 이유이기도 하다.

앞에서 말한 갑상선은 자신이 먼저 티록신을 분비함으로써 다른 세포들에게 이를 수용할지 수용하지 않을지 선택하도록 한다. 이처럼 우리가 먼저 변화의 방향을 제시하고, 변화 여부는 상대 세포가 결정하도록 해야 한다. 상황과 조건에 따라 상대가 선택하도록 믿고 맡기는 태도야말로 우리 모두에게 필요하다. 누군가 또는 내 주변이 변하기를 원한다면 먼저 자신을 바꿔야 한다. 그리고 나머지는 그들에게 맡겨야 한다. 그들을 꼭 바꾸고 싶다면 바꾸지 않으면 안 될 정도로 내가 많이 변하면 된다.

이제 생물과 환경의 관계를 생각하며 상대를 남편이라고 가정하고, 그를 바꾸기 위한 전략을 세워보자. 먼저 당신은 남편에게 얼마나 영향력 있는 존재인지 살펴보아야 한다. 당신이 없어서는 안 될 중요한 존재일수록, 당신의 아주 작은 변화조차도 남편에게는 큰 영향을 줄 수 있다. 당신의 변화에도 불구하고 만약 변하지 않는다면, 당신은 그에게 그다지 중요한 존재가 아님을 인정해야 한다. 따라서 먼저 당신이 남편에게 없어서는 안 될 소중한 존재가 된다면 남편을 바꾸기는 한층 쉬울 것이다. 어쩌면 당신의 말 한마디로 가능할 수도 있다.

그다음은 당신이 어떻게 달라질지를 결정하고, 행동으로 옮겨야 한다. 물론 큰 용기가 필요하다. 지금까지 내가 생각한 나, 남편이 생각하는 나와는 전혀 다른 존재처럼 행동해야 할 수도 있다. 이러한 변화를 위해서는 많은 에너지가 필요하다. 그만큼 큰 용기와 결단이 필요하고, 그만큼 힘들게 느낄 수도 있다. 그러나 그만큼 큰 결실이 기다릴 것이다. 상대의 변화는 덤이고, 당신에게 일어날 변화가 무엇보다 당신을 기쁘고 행복하게 해줄 것이다.

또 다른 방법은 그에게 중요하게 작용하는 주변 요인들을 바꾸는 것이다. 중요하게 사용하던 물건들을 제거하거나 다른 것으로 대체할 수도 있고, 집을 떠나게 하거나 새로운 사람과 어울리게 할 수도 있다. 어떤 방법을 적용하든 그것을 지속적으로 해야 한다.

마지막으로는 기다려 주는 게 중요하다. 생물이 바뀐 환경에 적응하기 위해 자신의 구조와 체제를 바꾸는 데는 어느 정도 시간이 필요하다. 앞에서 말했듯이 뇌에 새로운 프로그램이 장착되려면 시간이 필요하기 때문이다. 그 시간은 사람에 따라 다르겠지만 당신이 바뀐다면 상대도 반드시 바뀌게 될 것이다. 많은 사람이 상대가 바뀌지 않는다고 자신이 먼저 원래 상태로 돌아가는 경우가 있다. 그러면 그동안 들인 당신의 노력은 헛수고가 된다. 당신이 변화를 포기하면 변화를 시도하려던 상대는 즉각 원래 상태로 돌아가고 내성만 증가한다. 그것이 바로 변화를 싫어하는 생물의 본성이자 관성의 법칙이다.

우리는 왜 상대를 바꾸려 할까?

우리는 끊임없이 상대가 바뀌어야 한다고 생각한다. 그래서 "~하지마", "~해", "~하면 안 돼"라고 하면서 상대에게 자신의 생각을 주입하려 하고, 어떻게 하도록 요구한다. 알고 보면 이런 행동은 '나는 변할 수 없으니 네가 나에게 맞추어야 한다'는 이기적인 생각에서 나오는 것이다. 변화를 싫어하는 생물이 본능적으로 하는 생각이겠지만 이 생각이야말로 착각이다.

오랫동안 나는 남편이 바뀌어야 한다고 생각하며 남편을 바꾸기 위해 무진 애를 썼다. 바뀌지 않는 남편을 보며 고집이 세다고, 자기밖에 모른다고, 헛똑똑이라고 생각하며 속으로 미워하고 무시하기 일쑤였다. 아들도 마찬가지였다. 내 욕심에 차지 않아 늘 부족해 보였고, 그래서 가르쳐야 한다고 생각했다. 자연스레 잔소리가 많아지고, 내 말을 듣지 않는 아들이 답답하고 한심하다는 생각까지 들었다. 바뀌지 않는 남편과 아들을 보며 내가 더욱 노력해야 한다고 생각하며 나를 더욱 채찍질했지만, 그것은 나 자신뿐 아니라 가족 모두를 힘들게 할 뿐이었다.

마음공부와 감정코칭, 부모교육 등을 공부하며 나에게 문제가 있다는 사실을 알았지만, 문제는 더 심각해졌다. 나는 아는데 아들과 남편은 '모른다'고 생각하니 답답한 마음에 더 가르치려 했다. 상대를 인정하고 수용하라고 배웠지만, 그런 척만 하고 있을 뿐 실제로는 하나도 변하지 않은 것이다. 내가 먼저 변해야 그들도 변할 수 있다는 것을 깨닫지 못했다. 그들에게 요구하던 그 일이 내가 먼저 해야 할 일이라는 것을 깨닫지 못했다.

삶이 힘들고 고통이 따르는 이유는 집착하거나 기대하기 때문이라고 한다. 너무나 맞는 말이다. 집착하는 것도 알고 보면 불가능한 일이라는 것을 모르기 때문이다. 일어날 수 없는 일이라는 것을 모르기 때문에 기대도 한다. 상대를 바꾸려 하고, 바뀌지 않는다고 불평하는 것도 알고 보면 그 일이 불가능한 일이라는 것을 모르기 때문이다. 내가 대접받고 싶으면, 내가 먼저 대접해 주어야 한다는 사실을 모르기 때문이다. 부처님은 "모든 죄와 고통은 무지에서 비롯된다"고 하셨다. "죄는 미워하되 사람은 미워하지 말라"는 말이 있다. 고통과 죄가 모두 모르는 데서 기인한다는 것을 깨우쳐주고자 한 말이겠지만, 사람은 직접 경험하기 전에는 알지 못하는 것 같다.

내가 '생물과 환경'의 관계를 이해했다면, 세포나 자연은 절대 상대를 먼저 바꾸려고 하지 않는다는 사실을 알았다면, 삶의 고통이 훨씬 줄지는 않았을까? 생물을 이해하고 자연의 이치를 알았다면 내 삶이 더 일찍 달라지지는 않았을까? 지금이라도 생물과 자연의 이치를 알고, 내 삶을 바꿀 수 있어서 얼마나 다행인지 모른다. 이런 힘든 과정이 있었기에 지금이 있는 것이니 그저 감사할 따름이다.

3. 성공은 하는 것이 아니라 되는 것이다

성공은 타인에 의해 되어지는 것

"네가 보여지고 싶은 대로 행동하라." _ 소크라테스

고등학교 때까지 필자는 '가는 정이 고와야 오는 정이 곱다'와 '오는 정이 고와야 가는 정이 곱다' 중 어느 것이 옳은지 늘 헷갈렸다. 그러던 어느 날 생각했다. 사람들은 주는 것보다 받는 것을 좋아한다. 그렇다면 답은 간단했다. 가는 정이 있어야 오는 정이 있을 수 있다. 먼저 주어야 받을 수도 있고, 오고 가는 정이 있을 수 있다.

과거에 필자는 자신이 원하는 것을 얻으려면 타인과의 경쟁에서 이겨야 한다고 생각했다. 때때로 자신을 돌아보고 '모든 사람이 나처럼 생각한다면 사회는 어떻게 될까?' 하며 생각을 고쳐먹기도 했지만, 그래도 일상은 경쟁이었고 스트레스였다. 만약 사람들이 모두 받기만 좋아하고 주려 하지 않는다면, 사회는 어떻게 될까? 경쟁과 다툼만 난무할 것이다. 그리고 그 집단은 절로 도태되고 말 것이다.

이 세상에 나누고 베푸는 사람을 싫어할 사람은 없다. 베푸는 것은 물질적인 것뿐 아니라 말이나 행동으로도 가능하다. "고맙다", "감사하다", "잘했다", "멋지다"와 같이 기분 좋은 말로 늘 웃음과 긍정 에너지를 줄 수도 있다. 경쟁이나 다툼 대신 늘 겸손하게 감사하는 마음으로 사는 사람은 자신이 원하든 원치 않든 다른 사람의 사랑과 존경을 받게 된다. 나누고, 감사하며, 겸손하게 살 뿐인데도 사람들은 그를 좋아한다. 도와주려 하고, 원하는 것을 주려한다. 그것이야말로 성공적인 삶이 아닐까? 성공은 자기가 하려 한다고 되는 것이 아니다. 성공은 하는 것이 아니라, 타인에 의해 되어지는 것이다.

성공은 어른이 되는 것이다

"남에게 대접을 받고자 하는 대로, 너희도 남을 대접하여라."_마태복음 7장

"네가 싫어하는 것은 남에게도 하지 말라."_탈무드

"기소불욕 물시어인(己所不欲 勿施於人)."_논어

이는 모두 "가는 정이 고와야 오는 정이 곱다"는 속담과 같은

말이다. 이런 말을 들으면 다윈의 진화론이 생각난다. "환경에 의해 선택된 형질, 즉 생존에 더 적합한 형질을 가진 개체들이 생존과 번식에서 유리하기 때문에 생존하고 진화할 수 있다"는 자연선택설이 다윈 진화론의 핵심 이론이다. 한마디로 생물은 환경에 의해 선택된다는 말이다. 이것을 필자는 "나는 주변 사람에 의해 유명해질 수는 있어도 내가 나를 유명하게 만들 수는 없다"는 뜻으로 해석한다.

어른들은 무의식적으로 습관적인 행동을 한다. 그리고는 후회하거나 자책하기 일쑤다. 어른들은 왜 아이들이 하지 않는 후회나 자책을 하면서 괴로워하는 것일까? 필자는 늦었지만 그 답을 생물에서 찾을 수 있었다. 아이들은 생각이 단순하다. 어른처럼 후회나 자책 같은 복잡한 사고를 하지 못한다. 대뇌가 아직 충분히 발달되지 않았기 때문이다. 스스로 생존 자체도 안 되는 아이들이 후회나 자책 같은 복잡한 사고까지 한다면 과연 몇 살까지 살 수 있겠는가? 그런 면에서 복잡한 정신 기능을 담당하는 대뇌의 전두엽이 청소년기를 지나서야 완성되는 것은 생존을 위한 전략이며, 더욱 완벽한 인간을 만들기 위한 과정이었다니 참으로 놀랍다.

그렇다면 사고 체계가 제대로 갖추어진 어른들은 분명 아이들과는 행동(반응)이 달라야 하지 않을까? 자신만 생각하는 이기적인 삶이 아니라 타인과 전체를 생각하는 이타적인 삶을 살아야 하지 않을까?

이에 따라 이제 어른의 개념도 정리할 필요가 있다. 어른은 개인과 전체의 관계를 바르게 이해하고, 개인의 생존을 넘어 타인의 삶까지도 돌볼 줄 아는 사람이어야 한다. 받으려고만 하는 어린아이의 삶에서 벗어나, 나누고 베풀면서 함께 하는 삶을 사는 사람이어야 한다. 어릴 때는 타인과 환경에 의해 주어진 대로 살 수 밖에 없는 수동적인 삶이었다면, 어른은 능동적으로 원하는 삶을 선택하면서 살 수 있어야 한다, 부모와 주변 환경에 의해 만들어진 슬픔과 고통에서 벗어나려 애쓰는 삶이 아니라, 능동적인 선택을 통해 슬픔과 고통조차 기쁨과 행복으로 승화시킬 수 있는 사람만이 진정한 어른이 아닐까 싶다.

사람들은 유명해지고 싶고 남보다 잘살고 싶어 한다. 남보다 더 행복하고, 높은 지위를 얻고 싶어 한다. 그래서 다른 사람을 이겨야 한다고 생각한다. 그러나 우리는 환경에 의해 살려지는 존재다. 환경과 싸워서 이길 수 있는 생물은 없다. 주변 사람들이 선택해 주지 않는 한 당신은 유명해질 수 없다. 그들이 주지 않는 한 당신은 어떤 것도 얻을 수 없다. 그들 없이는 살 수 없으며, 그들 없이 높은 지위에 오를 수는 더더욱 없다.

당신이 할 수 있는 유일한 일은 그들이 당신을 선택하도록 하고, 당신이 원하는 것을 주도록 하는 것이다. 그러려면 어떻게 해야 할까? 조금만 생각해 보면 알 수 있다. 당신은 어떤 사람을 좋아하고, 어떤 사람을 기꺼이 도와주겠는가? 사람은 누구나 베풀고, 양보하고, 감사하고, 겸손한 사람을 좋아한다. 바로 어른다운 사람을 좋아하는 것이다.

"끊임없이 성장하고 발전하라"는 말은 경쟁하고 싸워서 이기라는 말이 아니다. 누군가에게 필요한 존재, 나아가 모두에게 없어서는 안 될 존재로 성장하고 발전하라는 뜻이다. 그러니 경쟁하여 타인을 이기는 것이 아니라, 협력하며 함께 성장해야 한다. 각자 자신만의 개성을 키워 모두가 유일한 존재인 동시에 최고인 존재가 되도록 서로 격려하고 존중하며 협력해야 한다. 이것이야말로 우리 모두가 어른다워지는 것이고, 성공적인 삶을 사는 것이 아닐까? 그랬을 때 비로소 몸과 마음이 모두 어른인 성인(成人 또는 聖人)이라고 할 수 있지 않을까?

인간은 환경의 동물인 동시에 환경을 선택하고, 바꿀 능력을 지녔다. 우리는 자신을 필요로 하는 곳과 자신이 행복할 수 있는 곳을 선택할 수 있다. 성장과 행복을 동시에 얻는 선택은 인간만이 할 수 있다. 이것이 인간이 취해야 할 행동 전략이자 생존 전략이 되어야 하지 않을까?

8장

인간은 생각하는 동물이다

1. '나'라는 것의 정체성

"너 자신을 알라"는 소크라테스(Sorates, BC470~BC399)의 말이 나이가 들수록 가슴에 와닿는다. 나는 자신을 잘 안다고 생각했다. 어디서 태어났고, 누구의 엄마고, 누구의 자식이고, 어느 직장에 다니고, 어느 학교를 졸업하고, 무엇을 잘하고, 무엇을 잘 못하고, 어떤 성격을 가진 '~ 사람'이 '나'라고 생각했다. 고등학교 때 나는 미래에 어떤 아내가 되고, 어떤 엄마가 되고, 어떤 딸(며느리)이 되고, 어떤 직장에서 어떤 일을 하며, 친구와 동료들에게는 어떤 사람이 될 것인지 일기장 첫 장에 적어두고 펼쳐볼 때마다 그런 사람이 되리라 생각했다. 그리고 그렇게 되기 위해 노력했다. 나라는 어떤 고정된 존재가 있다고 생각했다.

과연 우리 자신은 고정된 존재일까? 그렇다면 왜 사람들은 자신을 알지 못할까? 소크라테스는 왜 너 자신을 알라고 했을까?

관계 속의 '나'

"나는 누구인가?"라는 질문에 우리는 ' ~의 누구' 또는 '~한 나'를 생각한다. 이때의 '나'는 언제나 관계에 따라 정해진다. 그렇다면 관계란 무엇일까? 관계는 나라는 정체성을 만들기 위해 나 아닌 다른 것에 붙인 이름과 의미다. 우리는 자신이 붙인 이름과 의미로 관계 속에서 나를 확인하고, 자신의 정체성을 확인하려 한다. 누구의 아들/딸, 누구의 엄마/아빠, 누구의 형/동생, 어느 학교 출신이고, 어느 직장을 다니며, 누구의 친구이고, 성격이 어떠하며, 무엇을 잘한다/잘못한다 따위로 자신을 정의한다.

우리는 자신을 그런 존재로 생각함으로써 그 정의에 자신을 가두어 버린다. 스스로 울타리를 치고, 자신을 그 안에만 존재하는 한정되고, 고정된 존재로 만들어 버린다. 그렇다고 실제로 한정된 존재가 되는 것은 아니겠지만, 그런 존재라는 착각 속에서 사는 게 문제다. 관계는 원래 없었다. 갓난아이에게는 부모, 형제, 가족, 친구 같은 어떤 관계도 존재하지 않는다. '나'라는 관념이 없기 때문이다. 즉, 나를 포함한 모든 관계는 나를 중심으로 만들어지고, 내가 자라면서 배우고 익힌 관념에 따라 만들어진다.

내가 아는 나는, 이미 내가 아니다

지금까지 내가 나라고 생각한 존재를 가만히 살펴보라. '나'는 결코 고정되어 있지 않다는 것을 알 수 있다. 누구의 엄마/아빠, 누구의 아내/남편, 누구의 딸/아들, 누구의 친구라는 것도 절대 고정되어 있다고 할 수 없다. 상황에 따라 얼마든지 변하기 때문이다.

우리 몸도 매 순간 변한다. 인체를 이루는 세포는 계속 세포분열을 하여 새로운 세포로 교체된다. 인체 세포는 매일 100억 개의 세포가 죽고 다시 태어난다. 세포의 재생 기간을 보면 위장 내벽 세포는 2시간 반~수일, 백혈구는 4일~2주, 적혈구는 3~4개월, 뼈는 약 6개월, 피부나 근육세포는 약 한 달, 인체 장기(위장, 췌장, 혈관, 간장)는 4개월 정도 걸린다. 이 기간에 모두 새로운 세포로 교체된다. 세포분열이 더는 일어나지 않는 성인의 뇌세포도 끊임없이 새로운 물질을 흡수하고 배출하며, 물질을 분해하고 합성한다.

이처럼 세포를 구성하는 물질은 완전히 바뀐다. 손톱이나 머리카락도 항상 같은 것 같지만, 새로운 물질이나 세포로 대체된다. 사실 두껍고 굵고 건강하던 내 머리카락도 언제부터인가 얇고 힘없는 머리카락으로 바뀐 지 오래다. 이렇게 우리 몸은 매 순간 변한다. 어제의 몸과 오늘의 몸이 같을 수 없다. 나는 변한다. 아니 매 순간 새로 태어난다고 해야 맞다.

그렇다면 지금 이 순간 나는 나라는 존재에 관해 아무것도 알 수 없지 않은가? 무엇을 할 수 있는지/없는지, 무엇을 재미있어 하고/재미없어 하는지, 내가 어떤 존재인지 알 수 없다. 오직 내가 아는 것은 매 순간 무엇이든 시도해 볼 수 있고, 시도해 보고서야 비로소 나를 알 수 있을 뿐이다. 끊임없이 무엇이든 시도해 봄으로써만 알게 되는 나는 참으로 무한한 가능성의 존재다.

그런데 우리 생각은 어떠한가? 대부분은 언제나 이 몸을 나라고 여기며, 나를 고정된 실체로 믿고 있지는 않는가? 어제 할 수 없었다고 해서 오늘도 할 수 없다고 생각하며, 과거의 나에 묶여 있지는 않는가?

이것은 나에게만 국한된 것이 아니다. 지금의 내가 어제의 내가 아니듯, 다른 사람도 마찬가지다. 그런데 예전에 나와 다투었던 그 사람과 오늘의 그 사람을 같은 사람으로 생각하여 여전히 미워하거나 원망하고 있지는 않는가? 그때 그 사람의 세포는 이미 모두 없어지고, 몇 번이나 새로운 세포로 대체되었을 것이다. 지금 그 사람의 세포는 영문도 모른 채 당신에게 미움을 받거나 원망을 듣고 있는 셈이다.

몇 년 전에 누군가에게 뺨을 맞아서 입은 마음의 상처를 지금도 간직하고 있다면 한번 생각해 보자. 맞은 뺨의 세포는 이미 사라지고, 지금 뺨에는 새로운 세포들이 자리하고 있다. 그런데 마음에 상처가 남아 있다면 무슨 이유일까? 세포의 상처가 대물림

되었을까? 아니면 마음은 물질과는 상관없이 존재하는 것일까? 오랫동안 필자가 가진 의문이다. 사람의 마음은 어쩌면 몸보다 더 중요한지도 모르겠다. 마음은 지금의 내 몸과 함께 있지 않고, 과거나 미래에 존재할 때가 많다. 두려움, 후회, 미움, 원망 같은 마음은 할 수 있다는 생각, 할 수 없다는 생각과 마찬가지로 모두 지나간 몸과 관련된 과거의 경험에서 비롯된다. 지금 내 몸과는 아무런 상관이 없다.

이처럼 인체는 매 순간 변한다. 이 몸이 나라고 해도 나는 매 순간 새로 태어나는 셈이다. 그렇게 생각하면 나라는 존재는 일정하게 고정된 정체성이 없다. 진정한 나는 항상 현재진행형이다. 고정된 것은 나에 대한 나의 생각일 뿐이다. 우리는 매 순간 끊임없이 변하는 존재이기에 무엇이든 새롭게 시도해 볼 수 있다. 이렇게 무한한 가능성이 있는 자신을 스스로 한정 짓지는 않았는가? 타인과 비교하면서 자신이 만든 기준으로 해석하고 판단하면서 저평가하고 정죄하지는 않았는가?

우리는 매 순간 새로운 시도를 할 수 있고, 새로운 결과를 얻을 수 있다. 새로운 것밖에 없으니 실패란 있을 수 없다. 실패는 과거 경험을 기준으로 미래를 기대했을 때 존재한다. 매 순간 새로운 것을 시도하는 사람에게 미래는 두려움이나 걱정의 대상이 아니라, 호기심과 설렘의 대상일 뿐이다. 미래는 앎과 배움이 일어나는 즐거움의 기회인 동시에 성장의 기회다. 미래는 충만한 삶의 촉매제다.

우리는 매 순간 변한다. 내가 아는 나는, 이미 내가 아니다. '나는 이런 존재다' 하는 순간, 이미 다른 내가 되어 있다. 이 순간에도 쉬지 않고 새로운 세포로 대체된다. '나는 ○○한 사람'이라고 단정 짓기보다는 의문과 호기심을 품고 나를 탐구하며 살아간다면, 매 순간 새로운 자신을 보고 느끼게 될 것이다. 그리고 그런 자신에게 감탄하고, 경이로움과 감사를 느끼며 기쁨이 충만한 삶을 살게 될 것이다.

2. 뇌가 만드는 세상

사람은 대부분 자신이 보는 것을 다른 사람도 똑같이 볼 것으로 생각한다. 그러나 색맹 검사만 해보아도 그렇지 않다는 것을 금방 알 수 있다. 분명히 다른 색 숫자가 있는데, 색맹인 사람은 보지 못한다. 필자는 색맹을 처음 알았을 때 이런 사람에게 세상은 어떻게 보이는지 궁금했다. 학교 다닐 때는 동물마다 시각기가 다르고, 그래서 다르게 보인다는 것을 이해할 수 없었다. 개나 곤충들에게는 세상이 어떻게 보일까 하는 궁금증은 나에게 큰 숙제였다.

학교를 졸업한 후 학생들을 가르치면서 색맹이 왜 생기는지, 눈이 어떻게 물체를 보고, 귀가 어떻게 소리를 듣는지 알게 되었다. 그런데 다른 의문이 꼬리에 꼬리를 물고 일어났다. 눈이 빛의 자극을 수용하고 귀가 소리의 자극을 수용해서 뇌로 보내면, 뇌가 온 몸에서 오는 자극을 통합 · 분석 · 판단한다는 것은 알지만 의문은 여전히 해결되지 않았다. 사실 자극의 수용은 눈, 귀, 코, 입, 감각기관의 감각세포에서 일어나는 전기 · 화학적 변화를 거쳐 일어난다. 이렇게 일어난 전기 · 화학적 변화가 신경세포를 타고 이동하는 것이 자극의 전달이다.

그런데 단순한 전기 · 화학적인 변화가 어떻게 생각이라는 것을 일으키는지, 어떻게 판단하고 분별하게 하는지 의문은 더 커지기만 했다. 도대체 본다는 것, 듣는다는 것은 무엇이며, 어떻게 가능한 걸까? 그리고 무엇이 보는 것이고, 무엇이 듣는 것일까? 여전히 알 수 없는 것뿐이었다. 뒤늦게서야 몸은 내가 사용하는 유용한 도구라는 것과 지금까지 '나'라고 알던 몸은 물질에 불과하며, 살려지고 있을 뿐 스스로 살 수 있는 존재가 아니라는 것을 알았다. 귀가 공기의 진동을 증폭하여 신경세포에 전기 · 화학적인 변화를 일으키는 장치이듯, 우리 몸 전체가 인식을 위한 도구일 뿐이라는 것도 알았다.

그러나 몸을 도구로 사용하는 '나'는 여전히 알 수 없었다. 인간은 뇌와 감각기관을 제대로 사용하기는커녕 감각기관에 속고 있다는 현자들의 말씀을 이해하는 데는 어려움이 있었다. 이제 그에 대한 모든 의문은 해소되었고, 답도 알고 있다.

열 길 물 속은 알아도 한 길 사람 속은 알 수 없다

우리 중 누구도 동일하게 세상을 보는 사람은 없다. 저마다 자신만의 세상에서 자기가 주인이 되어 산다. 사람이 가장 많은 정보를 받아들이는 감각기는 눈이다. 시각이 어떻게 작동하는지 보자. 눈으로 세상을 보고 있다고 생각하지만, 우리가 보는 것은 동공으로 들어온 빛이 수정체를 통과하여 망막에 맺힌 물체의 상이다. 망막에 맺힌 상을 우리는 세상을 본다고 착각한다. 더 엄밀히 말하자면, 망막에 상이 맺히면 정보를 시세포에 연결된 시신경 다발이 뇌로 전달하고, 뇌는 이 정보를 온 몸에서 오는 다른 정보들과 함께 통합 · 분석 · 판단하여 세상을 만든다. 우리는 그것을 실재하는 세상이라고 착각한다. 똑같은 세상에서 똑같은 것을 보지만 사람마다 다르게 볼 수밖에 없다. 그렇게 사람마다 다르게 보는 데는 다음과 같은 두 가지 이유가 있다.

첫째, 사람마다 세포가 다르다. 색맹에서부터 근시, 원시, 난시가 있듯, 사람마다 시력이 다르다. 빛이 들어가는 동공의 크기, 동공을 조절하는 홍채 근육, 수정체의 상태, 수정체의 두께를 조절하는 모양체 등이 사람마다 다르다. 눈의 상태와 조절 능력이 다르니 망막에 맺히는 상이 다를 수밖에 없다. 그러니 같은 것을 다르게 볼 수밖에 없다.

둘째, 망막에 맺힌 시각 정보가 시신경을 통해 뇌로 전달되면, 뇌는 정보들을 통합 · 분석 · 판단하기 위해 자기 안에 저장된 기존 정보를 사용한다. 이때 사용하는 기존 정보는 사람의 경험 정보에 따라 다르다. 따라서 뇌에서 해석 · 판단하는 결과도 다를 수밖에 없다. 입력 정보가 같아도 사용하는 프로그램이 다르면 출력되는 결과가 다를 것이기 때문이다.

이런 이유로 사람은 저마다 자기 뇌가 만드는 각자의 세상을 보고, 자기가 만든 자기만의 유일한 세상에서 사는 것이다. 우리는 타인의 세상에 들어가거나 들어가 볼 수 없을 뿐만 아니라, 타인도 내 세상에 들어오거나 들어와 볼 수 없다. "열 길 물속은 알아도 한 길 사람 속은 모른다"는 속담처럼 인간의 마음을 알기 어려운 이유는 바로 이 때문이 아닐까?

그러니 세상은 모두 주관적일 수밖에 없다. 이것을 이해하면서부터 필자는 타인과의 관계에서 스트레스를 받는 일이 줄었다. 오히려 '나는 이렇게 보는데 저 사람은 저렇게 보는구나' 하고 생각하니 그들의 행동을 이해할 수 있을 뿐만 아니라, 다름을 받아들이고 인정하게 되었다.

그렇다면 다시 의문이 생길 것이다. 이렇게 각자 다른 세상에서 다른 생각으로 사는 사람들이 어떻게 한 가정, 한 직장, 한 공간에서 함께 살 수 있을까? 그렇다. 나와 다른 생각을 하는 게 이해된다고 해서 문제가 없는 것은 아니다. 생각이 다른 사람과 함께 산다는 것은 여전히 갈등의 소지를 안고 있다. 상대가 나와 생각이 다르다는 것이 이해된다고 해서 상대의 모든 것을 허용하

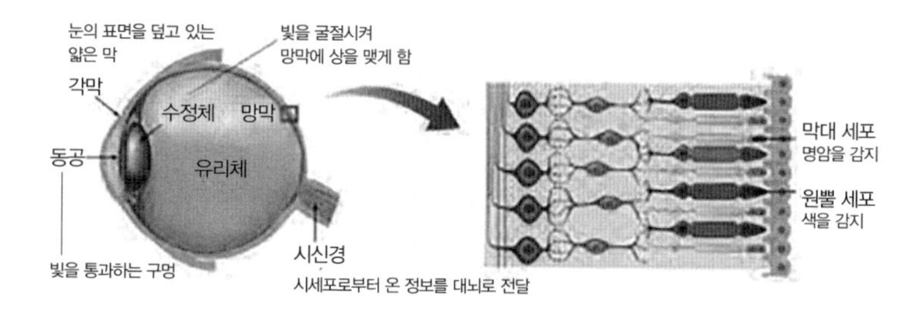

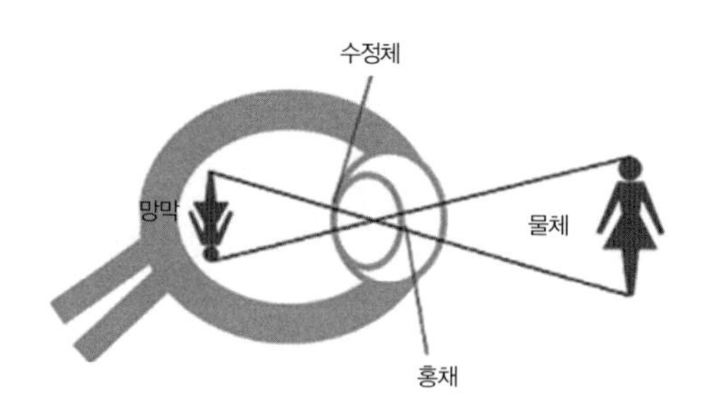

〈그림16〉 망막의 구조와 상이 맺히는 원리

고 받아들일 수 있는 것은 아니기 때문이다.

주관적 관점에서 다른 사람을 완전히 이해하고 허용하는 것은 사실 불가능하다. 상대가 나와 다를 수밖에 없다는 것까지가 이해의 한계다. 구체적으로 어떻게 다른지, 그래서 나는 어떻게 하는 것이 좋은지는 여전히 알 수 없다. 따라서 주관적 관점을 벗어나 상대가 되어 보지 않는 한 여전히 갈등은 생길 수밖에 없으며, 우리는 그러한 인간관계에서 벗어날 수 없다. 여기서 벗어나기 위해 필요한 것이 관점의 전환이다. 나를 벗어나 상대의 관점,

제 3자의 관점, 전체의 관점으로 이동할 수 있어야 한다. 관점 바꾸기와 관련해서는 뒷장에서 좀 더 자세히 다루겠다.

우리가 실제 세상을 보지 못하고 듣지 못하는 이유는 또 있다. 세상은 한순간도 쉬지 않고 변하고 있어서 우리가 보고 들었을 때는 이미 과거가 되어 버리기 때문이다. 다시 말해 우리는 언제나 실재가 아닌 기억된 세상을 본다. 태양에서 만든 빛이 지구에 도착하려면 우주 공간을 약 8분 동안 날아와야 한다. 우리가 보는 태양은 8분 전의 모습인 셈이다. 이와 마찬가지로 우리가 사물을 보고 인식했을 때, 그것은 이미 과거의 모습이다.

인체에서 자극의 전달 속도는 뇌에서 431km/h, 다른 부위에서는 세포에 따라 1~100m/sec라고 한다. 그러므로 우리가 인식했을 때, 그것은 이미 과거이고 실제가 아니다. 뿐만 아니라 시각 정보가 뇌로 전달되어 입력되기 위해서는 최소 1/60초 이상 망막에 상이 맺혀야 한다. 이것은 곧 우리가 세상을 1/60초마다 아주 단편적으로 인식할 뿐, 그 사이 세상은 인식하지 못한다는 뜻이다. 하지만 우리는 세상을 모두 보고 듣고 있다고 믿고 있을 뿐만 아니라, 우리가 인식하는 세상이 실제 세상이라고 믿는다. 이렇게 착각하는 줄도 모른 채 우리는 착각 속에서 산다.

사람 관계에서 빚어지는 오해와 갈등 같은 문제의 원인은 일차적으로는 우리가 주관적인 세상에서 살기 때문이며, 이차적으로는 실제인 세상을 모르기 때문이다. 우리는 각자의 세상을 살기에 바쁘다. 그것이 실제가 아니라고 생각해 본 적이 없으므로 실제 세상을 보려고 노력해 본 적은 더욱 없다. 우리는 사람 관계에서 갈등, 미움, 원망, 고통 속에 사는 이유가 정작 모두가 다른 세상에 살기 때문이라는 사실을 깨닫지 못하고 있다. 모두 자신이 보는 세상이 실제라고 착각하는 한 갈등은 끊이지 않을 것이다. 그러나 내가 인식하는 세상이 실재가 아닐 수 있다는 사실을 자각하면, 갈등이나 스트레스에서 쉽게 벗어날 수가 있다. 필자가 바로 그 증인이다.

그렇다면 실제 세상은 어떻게 보고 알 수 있을까? 우리는 영원히 실제 세상을 볼 수 없는 것일까? 살아가면서 타인과의 관계에서 생기는 갈등과 고통은 영원히 해결할 수 없는 것일까? 중생을 고통에서 벗어나게 해주려 한 많은 성인이나 영적 스승들의 말씀에서 이런 문제에 대한 답을 찾을 수 있다. 그것은 바로 주관적 세상 너머의 객관적 세상에 깨어나라는 것이다. 그들은 한결같이 문제를 해결할 답이 마음에 있다고 강조했다.

마음은 물질 이전에 있었다

그렇다면 마음은 무엇일까? 많은 사람이 뇌가 없는 하등동물들은 마음이 없다고 생각한다. 뇌과학자들은 뇌가 생기면서 마음이라는 것이 생겨났고, 마음을 뇌의 작용이라고 믿었다. 뇌가 생긴 이후 마음이 생겼다고 믿는 뇌과학자들은 보고 듣고 말하고 기뻐하고 슬퍼하는 모든 것이 뇌의 신경활동이며, 현대 문명을 이룩한 창조적 사고 또한 뇌의 활동이라고 믿는다. 이것은 뇌라는 물질계의 활동으로 마음이라는 비물질적인 것이 생성되었다고 하는 지극히 물질주의적 측면의 해석이다. 그래서 그들은 비물질적인 마음을 물리학적으로 이해하기 위해 여전히 고민하고 있다.

사고 기능을 담당하는 대뇌는 진화상으로 포유동물 이상에서만 나타난다. 대뇌가 가장 발달한 인간은 생각으로 모든 것을 해결하려고 한다. 하지만 대뇌가 형성되기 전의 현상은 대뇌의 작용(생각)으로는 알 수 없다. 그러므로 대뇌가 생기기 전에 마음이 있었다면 생각으로 마음을 알거나 이해할 수는 없을 것이다. 실제로 대뇌가 없는 동물, 즉 생각이 없는 동물들에게도 마음이 있다는 사실이 점점 밝혀지고 있다.

단세포 생명체인 아메바는 물속을 떠돌다가 무언가와 맞닥뜨리면 양분인지 위험 요소인지 판단하고, 먹거나 피하거나 결정을 해야 한다. 또 다른 단세포 생명체인 남조류는 광합성을 하려면 햇빛을 인식해야 한다. 햇빛이 풍부하면 머물러야 하고, 햇빛이 부족하면 햇빛이 있는 쪽으로 움직여야 한다. 마음의 가장 기본적 구성 요소인 인식과 판단이 갖춰져 있어야 가능한 일이다. 단순하긴 하나 단세포 생명체도 마음에 따라 움직인다고 할 수 있다. 사람과 같은 수준의 마음은 아니지만, 아메바에게도 분명히 마음이 있는 것이다.

하트만(Max Hartmann, 1876~1962)과 룸블러(Ludwig Rhumbler, 1864~1939)의 연구(〈그림17 참조〉)를 바탕으로 라이히(Josef H. Reichholf, 1945~)는 에너지 흐름의 기본적인 두 방향을 설명하였다. 쾌감 속에서 '세상을 향하는 것'과 불안 속에서 '세상에서 벗어나는 것'을 아메바 운동과 연관하여, 쾌감과 불안이라는 이분법에 교감신경과 부교감신경의 반응을 연결하였다. 〈그림17〉에서처럼 '확장하는' 아메바의 반응(중심에서 표면으로 반투명 흐름이 이동)은 사람의 부교감반응에, '수축하는' 반응(표면에서 중심으로 반투명 흐름이 이동)은 교감반응에 상응하는 것으로 보았다.

존재하는 모든 생명체의 공통점은 생존 의지가 있다는 점이다. 단세포 생명체는 양분을 감지하면 흡수하고, 위험한 자극이 가해지면 피한다. 이러한 단순한 반응도 생존이라는 목적에 부합하는 판단의 결과라는 점에서 원시적 지성이라 할 수 있지 않을까 싶다. 처음에 생명체는 단순히 자신의 몸에 가해지는 자극을 감지하는 수준이었다가 오랜 기간 시행착오를 거쳐 자극이 무엇을 의미하는지 아는 인식의 수준으로 발전하였을 것이다. 그리고 지성은 생명체로 하여금 더 유익한 선택을 할 수 있게 했을 것이다. 자신이 있는 곳이 어디이며, 거기서 살아남으려면 어떻게 해야 하는지, 인식되는 대상이 무엇인지, 생존에 유리한지,

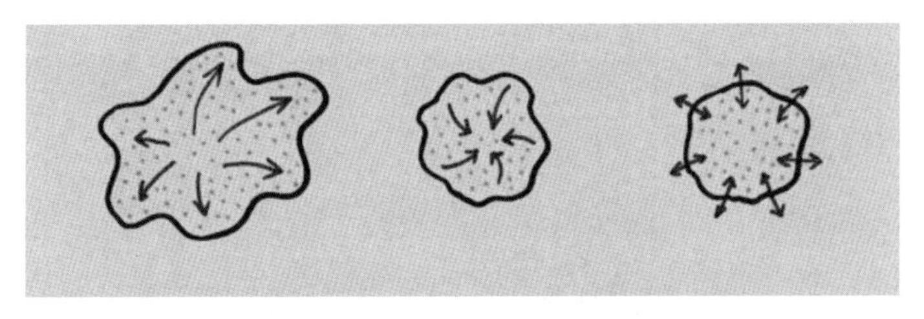

〈그림17〉 아메바의 위족운동과 맥동

독일의 생물학자인 하트만과 동물학자인 루트비히 룸블러의 실험. 아메바에게 여러 가지 화학적, 기계적, 시각적 자극을 연속적으로 가하여 다음을 관찰했다.

1. 아메바가 자극을 찾아가거나, 자극을 피해 몸을 동그랗게 말고 죽은 척하거나 둘 중 한가지 방식으로 반응함.
2. 아메바가 팽창할 때는 대상에게 적극적으로 다가가고, 반대로 대상으로부터 도망치고자 하는 움직임일 때는 수축하도록 아메바 내부의 유동성이 움직임.
3. 아메바가 쉬고 있을 때는 팽창과 수축이 규칙적으로 반복되는 형태로 맥박운동이 나타났으며, 팽창운동 다음에는 내부의 유동성의 움직임이 중심에서 표면으로, 수축운동 다음에는 표면에서 중심으로 일어남.

《출처: https://brunch.co.kr/@swarup/23 몸, 마음 그 기원에 관한 이야기》

불리한지 등의 인식과 판단을 통해 행위가 일어나고, 행위의 결과는 시행착오를 거쳐 학습되어 동종에게 전파되고 후손에게 대물림되었을 것이다.

이렇게 해서 각 생명체에게는 고유의 지향성이 만들어졌을 것이다. 이렇게 오랜 경험으로 학습된 지향성에 따라 생물들은 저마다 자극에 일정한 반응을 나타내게 되었을 것이다. 그리하여 지렁이는 빛과 반대 방향으로 움직이고, 나방은 빛을 향해 움직이며, 꿀벌은 꽃을 향해 비행하고, 연어는 강을 거슬러 헤엄치게 되었을 것이다. 그리고 이러한 지향성은 종의 특성이 되었을 것이다.

현대에 와서 많은 뇌과학자와 영성 연구가들은 마음이 어떤 생물에게나, 어디에나 있다고 말한다. 마음은 뇌에서 일어나는 작용이 아니라는 것이다. 인간의 뇌는 단지 인간에게 마음을 인식할 수 있도록 해줄 뿐이라는 것이다. 그래서 많은 성인들의 말과 경전에서는 마음을 알려면 자기라는 에고('나'라는 생각)가 없는 무아의 상태에서 세상을 있는 그대로 볼 수 있어야 한다고 말한다.

3. 인간과 생각

과학자들은 원시 자연의 악천후에서 사냥감을 찾고, 식량이 상하지 않게 보관하고, 가뭄 때 물을 확보하는 등 다양한 생태 · 환경적 스트레스에 적응하는 과정에서 인간의 뇌가 다른 동물들보다 커졌다고 말한다. 하지만 인간과 마찬가지로 다른 동물들도 환경적 스트레스에 적응해 왔다. 그렇다면 인간의 뇌가 유독 커진 이유는 무엇 때문일까? 인간 사회가 복잡해지면서 뇌가 커진 것이 아니라 인간의 뇌가 커지면서 인간 사회가 복잡해졌을 가능성을 생각해 볼 수는 없을까?

인간이 가진 대뇌의 사고 기능은 처음에는 주로 생존을 위해 사용되었다. 그러다가 점차 개인의 안전과 편안함을 위해 사용하면서 사회를 복잡하게 만들었을 뿐만 아니라 그로 인해 스스로 고통스럽게 된 것은 아닐까? 사고 기능이 발달하지 않은 어린 아이는 행동이 단순하고 스트레스가 거의 없는 반면, 성인이 되면 생각이 많아지고 사고가 복잡해지면서 스트레스가 많아지고 생활이 복잡해지는 것처럼 말이다.

이것에 대해 좀 더 생각해 보자.

인체에서 대뇌는 다른 장기와는 달리 출생 후 사춘기를 지나 완성되며 생각, 판단, 감각, 운동을 담당한다. 대뇌는 개체의 생명 유지보다는 개체의 몸을 보호하고 효율적으로 사용할 수 있게 한다. 이것은 생각 기능이 거의 없는 식물인간과 신생아, 그리고 대뇌가 없는 동물들도 생명활동을 잘하는 것에서도 알 수 있다. 어린 시절 우리의 대뇌는 자신의 안전과 생존을 위해 타인(특히 보호자)의 관심과 사랑을 얻기 위한 정보들을 우선적으로 저장하고 관리한다.

그러나 어린 시절 대뇌에 저장된 생존을 위한 안전과 편안함 위주의 정보는 성인이 되어서도 자신의 신체적 안전과 편안함을 추구하는 도구로 사용하기 쉽다. 그 결과, 과학 기술의 발전과 함께 산업이 발달하고 생활은 어느 때보다 편리해졌지만, 부작용 또한 심각하다. 성장 과정에서 관리된 대뇌의 정보와 신경회로를 어른이 되어서도 그대로 사용함으로써 개인의 고통은 물론 사회를 복잡하게 하고 자연을 파괴하는 원인이 되고 있다. 인간 스스로 고통을 만든 결과가 되었다. 생각의 역기능적 현상이 아닐 수 없다.

사고 기능이 미숙한 아이들은 생각을 주로 자신의 생존을 위한 도구로밖에 쓸 줄 모른다. 그러나 사고 체계가 갖추어진 어른들은 생각하는 기능을 더욱 유용하게 사용해야 한다. 개인과 전체의 관계를 올바르게 이해하고, 개인의 생존뿐 아니라 자신이 속한 단체나 사회, 인류 전체의 생존을 위해 사용해야 한다. 앞에서 말한 지구의 주인으로서 제 역할을 해야 한다는 뜻이다. 단세포에서 다세포생물로의 진화에서 보았듯, 개체 인간에서 전체인 지구(또는 우주)로 의식을 확장해야 한다. 몸과 마음은 둘이 아닌 하나다. 물질, 몸으로서의 지구는 이미 하나다. 그러나 인간의 의식(마음)은 전체와 하나되지 못하고 있다. 앞으로 이루어내야 할 진화의 방향은 인류 전체가 하나의 단일의식으로 발전해야 하지 않을까 생각한다.

생각의 역기능적 현상은 이뿐만이 아니다. 성인이 되면서 특정 자극이나 상황에 대해 자신도 모르게 무의식적으로 반응한 후, 시간이 지나 자신의 행동에 대해 후회하고 자책할 때가 많다. 성장 과정에서 만들어진 반사반응의 신경회로가 어른이 되어서도 여전히 자동으로 작동되어 고통을 만들고 있는 것이다.

이러한 부작용을 없애고 인간이 가진 생각하는 능력을 제대로 사용하기 위해서는 자극에 무의식적으로 작동되는 프로그램(신경회로)을 알아차릴 수 있어야 한다. 이 과정을 통해 생각, 행동이 충분히 검토되고 개선되어야 한다. 그래서 습관적이고 무의식적인 행동으로 인한 부작용을 줄여야 한다. 어쩌면 유전적으로 물려받은 인류의 오랜 습관까지 검토가 되어져야 할지도 모른다. 그럴 때 비로소 우리는 스스로가 만든 고통에서 벗어날 수 있다. 고통은 우리의 생각과 결코 무관할 수 없다. 그런 점에서 생각과 관련하여 고통이 어떻게 생겨나는지에 대해서는 뒤에서 자세히 알아볼 것이다.

생각이 느낌과 감정을 만든다

인간은 긍정적인 자극보다 부정적인 자극에 더욱 민감하고, 부정적인 자극일수록 오랫동안 기억한다. 왜 그럴까? 우리의 뇌는 나쁜 일은 오랫동안 기억하고, 좋은 일은 빨리 잊어버린다. 그래서 행복은 금세 사라지고, 괴로움은 몇 배나 강하게 오래 남는다. 우리가 살기 힘들다고 느끼는 것도 이 때문이 아닐까 싶다.

인간에게 불쾌함이나 두려움 등과 같은 부정적인 감정은 주로 '생존을 위협한다'는 생각과 관련되어 있다. 그래서 생존을 위해 이러한 정보는 가능한 한 오랫동안 저장한다. 그리고 이와 유사한 자극에는 생각 작용을 거치지 않고 즉각적으로 반응한다. 반면에 생식이나 섭식과 관련된 정보는 오래 저장하기보다는 필요할 때(생식기, 배고플 때) 욕구가 일어난다. 에너지 측면에서 효율적이기 때문이다. 따라서 '생존을 위해 필요하다'는 생각과 관련된 자극에는 기쁨, 즐거움 같은 긍정적인 감정(신호)을 만들어 필요한 때에 욕구가 일어나 행위로 이어진다.

예를 들어 화를 잘 내거나 두려움을 잘 느끼는 사람은 성장하는 동안 생명에 위협을 느낄 정도로 강한 체험을 했을 가능성이 높다. 그래서 그가 특정 환경에 처하거나 자극을 받으면 무의식에 저장된 '나를 위협한다'는 생각이 공포나 분노와 같은 부정적 감정(신호)을 만들어 화를 내도록 한다. 상대에게 공격적인 태도를 보이거나. 두려움을 느끼며 회피 반응을 하는 신경회로가 이미 만들어져 그와 유사한 자극에 화를 내거나 두려움을 느끼고, 자신도 모르게 공격하거나 회피하는 행동을 하는 것이다. 그러고 나서 그는 자신의 행동을 후회하거나 자책하며 고통스러워한다.

생존을 위협한다는 생각과 관련된 부정적 감정(화, 분노, 흥분 등 교감신경에 의한 반응)은 대뇌를 거치지 않고 교감신경을 통해 전해지므로 무의식적이고 즉각적으로 반응(이것을 반사반응이라고 함)이 일어난다. 반면에 판단, 이해, 통제 등의 사고 기능과 관련된 의식적인 반응은 대뇌를 거쳐 일어나므로 반사반응보다 늦게 일어난다. 우리가 뜨거운 것이 손에 닿으면 자신도 모르게 먼저 손을 움츠리는 것은 대뇌를 거치지 않는 무의식적인 반응이고, 그 이후에 손을 입으로 불거나 손을 만지면서 상황을 판단하고 해결 방법을 찾으려는 행위는 대뇌를 거쳐서 일어나는 의식적인 반응이다.

생각, 느낌, 감정은 자극에 의해 우리 몸에서 저절로 일어나는 현상이다. 이것들은 때로는 전기 · 화학적 변화로, 때로는 모양의 변화로, 때로는 에너지 변화 등으로 나타나는데, 이는 서로 소통하기 위한 신호라 할 수 있다. 수많은 세포나 생물들이 생존하기 위해 일으키는 생명현상인 것이다. 이렇게 인체를 통해 일어나는 생명현상에 불과한 생각, 느낌, 감정에서 사람들은 왜 때로는 즐거움과 행복을, 때로는 슬픔과 고통을 느끼는 것일까? 어떤 자극에 의해서든 인체에서 일어나는 변화는 느낌을 만들어낸다. 생각은 이 느낌을 분석, 해석, 판단하여 이 자극원이 나에게 필요한지/필요하지 않은지, 위험한지/위험하지 않은지 알리기 위해 감정이라는 신호를 만들어 낸다.

그리고 감정의 크기와 종류에 따라 우리는 공포, 두려움, 기쁨, 슬픔, 고통, 두려움이라는 이름을 붙인다. 이렇게 이름 붙인 느낌이나 감정들은 다시 생각을 일으킴으로써 제2, 제3, 제4의 느낌, 감정, 생각을 일으킨다. 이처럼 생각, 느낌, 감정은 하나의 생명현상이다. 조건따라 일어났다 사라지는 현상에 이름을 붙이고, 의미를 부여했을 뿐이다. 이 사실을 이해하지 못하면 느낌과 감정이 실재한다고 착각하고, 그것과 동일시해 느낌과 감정의 소용돌이 속에서 벗어나기가 힘들다.

생각은 말과 행동으로 표현된다

"인간의 행동은 인간의 사고를 가장 잘 보여준다." _존 로크

생각은 사실이 아니다. 믿을 것이 못 된다. 생각은 과거의 기억에서 온다. 생각은 모두 자신의 과거 경험과 자기가 아는 것들로만 이루어진다. 이미 지나간 과거 사실에 관한 정보로 이루어진 것이 생각이다. 과거 이야기를 가지고 모르는 것을 추측하고, 미래를 예측하려 하지만, 사람은 자기가 체험하지 못한 미지의 것은 절대 알 수 없다.

성장 과정에서 저장된 정보는 사람마다 다르다. 그러니 사실에 관한 생각도 저마다 다를 수밖에 없다. 생각이 다르면 당연히 반응(말, 행동)도 달라진다. 말과 행동은 그 사람의 생각의 표현일 뿐이다. 그렇게 본다면 사람의 말이나 행동에도 옳거나 그름이 있을 수 없다. 그러나 우리는 정작 그 사람의 말이나 행동에 '저러면 된다/안 된다', '저런 행동은 좋다/안 좋다' 등으로 평가하고 판단하기 바쁘다. 그러고는 그 사람의 언행에 충고나 조언을 하려 한다. 충고, 조언, 평가. 판단의 말은 상대의 기분을 해치기 쉽다. 오히려 상대의 마음을 닫게 만들고, 관계를 힘들게 만드는 요인이 되기도 한다.

말과 행동은 사실에 관한 생각의 표현이고, 생각은 자신의 경험에서 얻어진 정보를 말해주는 것이다. 따라서 사람의 말과 행

동은 시비 분별의 대상이 아니라, 인정과 수용의 대상이다. 상대의 말과 행동을 수용하는 것은 생각, 즉 그가 가진 정보를 받아들이는 것이다. 수용함으로써 나는 미처 알지 못하던, 그의 관점에서만 알 수 있는 정보를 얻게 되어 상대를 이해하고 감사하게 된다. 이처럼 생각과 말과 행동의 관계를 제대로 알면 상대를 수용하고 상대에게 감사함으로써 삶은 한층 풍요로워진다.

생각이 고통을 만든다1

동물들도 고통을 느낄까? 반려동물을 기르거나 동물을 사랑한 적이 있는 사람은 100퍼센트 그렇다고 할 것이다. 신경과학에서는 뭐라고 할까? 신경과학은 모든 포유류, 조류, 그리고 다른 종들이 자신의 고통을 안다는 증거가 있다고 말한다. 동물들이 감정을 느끼는 동안 활성화되는 신경회로가 사람에게서 활성화되는 것과 같은 회로라는 것을 통해 동물들도 고통을 안다고 주장하고 있는 것이다.

최근에는 MRI 연구가 발전하면서 과학자들은 동물이 어떤 감각을 느끼는지 정확하게 알 수 없지만, 부정적인 일에 활성화되는 뇌 부위가 인간과 똑같다는 사실을 알게 되었다. 이것으로 볼 때, 모든 포유류에게는 괴로움의 감정이 있다고 할 수 있다. 그러나 인간과 달리 동물은 아무리 괴로운 일이 있어도 부정적인 감정을 잠시만 드러낼 뿐 바로 이전 상태로 돌아간다고 한다. 그렇다면 인간만이 유난히 괴로움을 호소하는 이유는 무엇 때문일까? 스즈키 유는《무, 최고의 상태》에서 고통을 이렇게 말했다.

"인류가 가진 고통에 대해 석가는 '고통은 두 번째 화살의 여부에 있다'고 말했다. 이때 첫 번째 화살은 생물의 생존에 동반되는 근본적인 괴로움을 말하며, 두 번째 화살은 첫 번째 화살에 반응해 뇌가 다양한 생각을 만들어 냄으로써 부수적으로 나타나는 새로운 분노, 불안, 슬픔과 같은 더 깊은 괴로움을 말한다."

스즈키 유의 말처럼 모든 생물은 첫 번째 화살에 의한 괴로움에서는 벗어나기 어렵다. 따라서 최초의 괴로움은 받아들일 수밖에 없다. 진정한 괴로움은 두 번째 화살로 정해진다. 보통 원하는 것이 눈앞에 있을 때 대뇌는 도파민이라는 신경전달물질을 분비해 욕망을 자극한다. 인체에서 도파민은 욕구를 일으키는 물질로, 일단 분비되면 그것의 영향에서 자유로울 사람이 거의 없다. 우리 몸은 도파민이란 신경전달물질에 특정한 반응이 일어나도록 프로그램되었기 때문이다.

그러나 신경전달물질은 분비된 후 일정 시간이 지나면 분해되거나 재흡수되어 효력이 없어진다. 관심을 잠시 다른 곳으로 돌리면 얼마 지나지 않아 도파민의 효력은 사라지고, 이성적 사고 기능을 담당하는 대뇌의 전두엽이 자기통제 능력을 발휘한다. 도파민 효과가 지속하는 시간이 약 10분 정도라고 하니 10분 정도만 참으면 일어나는 욕망에 흔들리지 않고, 첫 번째 화살이 일으키는 괴로움을 끝낼 수 있다.

신경전달물질의 작용이 채 몇 분이 안 되는데도 계속 고민하거나 고통스러워하는 이유는 연달아 맞는 두 번째 화살 때문이다. 잠시만 그냥 두면 사라질 감정에 다시 생각을 덧붙여서 신경전달물질이 계속 분비되도록 만드는 것이다. 타인의 불쾌한 말에 상처를 받았거나 갑자기 불안감이 덮쳐오거나 타인이 나를 자극하더라도 신경전달물질이 줄어들 때까지 기다리면 쓸데없이 고민을 키우지 않고 지나간다. 그러나 많은 사람들이 '괘씸하다', '어떻게 하면 좋지?', '어떻게 하면 복수할까?'와 같은 갖가지 부정적인 생각으로 신경전달물질의 분비를 지속시킨다. 2번째, 3번째 괴로움을 스스로 계속 만드는 것이다.

필자는 여기서 "참을 인 자가 세 번이면 이루지 못할 것이 없다", "인내는 가장 좋은 치료 약이다"와 같은 속담에 절로 고개가 끄덕여진다. 제퍼슨의 말처럼 분노에 차 있을 때는 1부터 10까지 세어보라. 분노가 더욱 심할 때는 100까지 세어보라. 분노를 자극하는 신경전달물질은 사라지고, 이성이 당신을 지혜로 이끌 것이다. 이것이 사람이 동물과 다른 점이며, 동물들은 극심한 상처에도 절망하거나 고통스러워 하지 않고 행복할 수 있지만, 사람은 그렇지 못한 이유다. 동물심리학자들에 따르면, 인간 이외의 동물들은 과거와 미래를 깊이 생각하지 않고 거의 매 순간 눈앞의 세계만을 보며 살아간다고 한다. 그래서 동물들은 과거의 실패나 미래의 불안으로 고민하지 않고, 평상심을 유지할 수 있다는 것이다. 그 이유는 동물들에게 생각 기능을 하는 대뇌가 발달하지 못했기 때문이다.

우리가 가진 근심과 고통은 대부분 과거와 미래에 관련되어 있다. 과거와 미래가 생각에 따라 존재한다는 점을 고려하면 생각 기능이 없는, 즉 현재만을 살아가는 동물들에게는 과거와 미래에 대한 괴로움이나 불안 같은 고통이 없는 게 당연하다. 결국 눈앞에 없는 과거와 미래를 상상하는 능력이 우리의 고통을 만드는 것이다. 그러나 과거와 미래를 고민하지 말고 현재를 살자고 한들 그렇게 하는 사람은 매우 드물다. 인간에게 기본적으로 설정된 부정적인 감정과 동물이 가지지 못한 시간 감각이 진화 과정에서 대뇌 발달과 함께 인체 깊숙이 자동 프로그램으로 장착되어 버렸기 때문이다.

인간이 고통을 겪는 것은 지금 이순간을 살지 못하기 때문이다. 분노와 슬픔은 과거 일을 부정적으로 생각하기 때문이고, 공포와 불안은 미래에 일어날지도 모를 위험을 걱정하기 때문이다. 과거와 미래를 상상하는 능력은 인류에게 세상을 창조하는 압도적 힘을 갖게 했지만, 미래에 대한 두려움은 물론 과거에 대한 괴로움(후회, 죄책감, 미움 등)과 고통의 원인이 되었다.

동일한 자극에 사람과 동물의 반응이 다른 것은 근원적으로 대뇌의 발달에 따른 사고(생각) 능력에 기인한다. 또한 동일한 자극에 사람마다 반응이 다른 것은 대뇌에 입력된 정보와 프로그램이 다르기 때문이다. 이것을 이해하면 다른 사람들과 관계를 맺기가 쉬워진다. '그럴 수밖에 없음'과 '그저 그런 현상일 뿐'으로 생각하며 상대를 있는 그대로 인정할 수 있기 때문이다. 그러면 갈등과 스트레스가 줄어들고, 삶이 훨씬 가벼워진다. 매 순간 자신 안에서 일어나는 과거와 미래에 관한 생각을 알아차림으로써 스스로 고통을 만드는 일에서도 벗어나게 된다.

생각이 고통을 만든다2

사람들은 사실을 있는 그대로 보고 듣고 느끼지 못한다. 보이고 들리고 감각되는 것들을 보고, 듣고, 느끼는 것이 아니라 그것을 해석하고, 분석하며, 판단하는 등 생각을 하기에 바쁘다. 생각은 온갖 부정적, 긍정적 감정을 일으킨다. 감정이 일어나면 그 감정에 휘말려 올바른 선택을 하기가 어렵다.

예를 들어 이웃집에서 어떤 소리가 들리면 소리를 듣는 것이 아니라 '아, 저 소리 시끄러워. 무슨 소리야', '저 소리 좀 어떻게 안 될까?', '저 사람은 왜 저래?'와 같은 생각을 한다. 그리고 그 생각은 느낌과 감정을 일으키고, 느낌과 감정은 또 다른 생각을 불러온다. 그리고 끝내는 '윗집에 무슨 일이 났나 보다', '이러다 우리 집까지 어떻게 되는 거 아냐?' 하면서 이야기를 만들고 불안해 한다.

하지만 소리는 감각되어져야 할 대상이지 생각의 대상이 아니다. 물론 생각이 필요할 때도 있기는 하다. 무슨 소리인지, 그 소리가 무엇을 의미하는지 생각해야 할 때도 있다. 생각은 소리를 듣고 난 후에 하면 된다. 소리를 듣는 것은 잊어 버리고, 그 이후에 일어나는 생각, 느낌, 감정에만 관심을 가지는 것이 문제다. 그리고 감정에 휘말려 올바른 선택을 하지 못하는 것은 더 큰 문제다.

음식을 먹을 때도 마찬가지다. 음식 맛을 느끼는 데는 관심이 없고, 맛을 느낌과 동시에 맛과 관련된 생각이 일어나고, 자신의 느낌과 감정에 반응하거나 이야기를 쓰기에 바쁘다. 그 이야기로 온갖 것들이 등장하는 하나의 세상을 만든다. 때로는 기쁘고 즐거운 세상을, 때로는 걱정과 염려로 가득한 세상을, 때로는 희망과 기대로 가득한 세상을 만든다. TV 화면 속 드라마처럼 사람들의 의식(마음) 속에서 온갖 드라마를 펼치는 것이다. 드라마는 드라마임을 알고 즐기면 된다. 그런데 문제는 드라마 속 인물과 나를 동일시하여 자신도 모르게 드라마 속으로 빠져든다는 것이다.

우리는 '몸이 나다'라고 생각하면서 수시로 이야기 속에 등장하는 '나'와 자신을 동일시한다. '몸이 나다'라는 믿음은 우리의 인식 체계에 가장 뿌리 깊게 자리하고 있는 생각이다. 그렇다 보니 모든 인식을 '이 몸이 나다'라는 생각 위에서 한다. 경험하는 세상에 일체의 느낌과 감정들이 이 몸이 하는 것으로 여기면서 자신이 이 세상의 주인공이 되어 이야기를 끊임없이 만들어 낸다. 보이고 들리는 모든 것을 몸을 중심으로 해석하고 분석하기 때문에 이야기는 모두가 나(몸)를 중심으로 만들어진다. '이것은 (나에게) 좋다/나쁘다', '이것은 (나에게) 어떠하다', '다음에는 (내가) 이렇게 해야지' 등 겉으로 내뱉지는 않지만, 속으로는 늘 속삭이고, 무의식적으로 혼잣말을 한다. 정도의 차이는 있지만 대부분이 정상이 아닌 정신분열증 환자인 것이다.

앞장에서 말했듯이 세상에 대한 느낌과 감각, 해석과 분석을 통한 이야기는 사람마다 달라서 우리가 보고 느끼는 세상도 저마다 다르다. 사람마다 다른 세상이 어떻게 실제이고, 사실일 수 있겠는가? 그런데도 우리는 자기가 보는 세상이 실제라고 착각한다. 몸으로 느끼는 감각과 느낌에 답답하다, 좋다, 나쁘다, 기쁘다, 슬프다 같은 온갖 종류의 이름을 붙인 후, 실제로 존재한다고 생각한다. 자기가 만든 드라마인 줄 모르고 실제라는 착각에 빠져서 헤어날 줄을 모른다.

그러나 고통, 슬픔, 기쁨, 좋음, 나쁨이 실체가 있는가? 생각해 보라. 그것들은 느낌이나 생각에 불과하다. 사람들은 세상이 힘들고 고통스럽고 슬프고 기쁜 일들로 가득하다고 하지만, 그런 것은 세상에 실재하지 않는다. 사람들이 실재한다고 생각할 뿐이다. 만약 세상에 존재하는 것이라면 모든 사람이 똑같이 힘든 일, 고통스런 일, 슬픈 일, 기쁜 일이라고 해야 맞을 것이다. 그런데 나는 힘들어 죽겠다 하는 일을 누군가는 즐기기도 한다. 그렇게 보았을 때. 세상 모든 일은 어떻게 생각하느냐에 달려 있다. "모든 것은 오직 마음이 지어낸다"는 일체유심조(一切唯心造)에 공감하지 않을 수 없다.

우리는 생각, 감정, 느낌을 중요시하다 보니 그것들과 그것들이 만드는 현상들이 실제라고 믿는다. 어떻게 하면 이러한 착각에서 깨어날 수 있을까? 어떻게 하면 생각, 감정, 느낌에 영향을 받지 않고 매 순간 나의 의지대로 선택할 수 있을까? 필자는 이 문제를 해결하기 위한 한 가지 방법으로 감각에 집중할 것을 제안한다. 매 순간 보는 것, 듣는 소리, 피부로 감각하는 것에 의식을 두는 연습을 하도록 제안한다.

4. 만물의 영장, 인간

고통조차 만드는 인간

"좋은 일도 나쁜 일도 모두 당신 생각이 그렇게 만드는 것이다."
_ 세익스피어

생각에 관한 명언은 이외에도 무수히 많다. 그만큼 사람들은 오래전부터 생각에 관심이 많았던 모양이다. 인류는 생각으로 산업, 과학, 정치, 사회, 문화를 발달시켜 오늘날의 문명을 만들어 냈다. 그러나 물질문명이 발달할수록 환경은 파괴되고, 사람들의 마음속에는 사랑과 감사보다 시기와 질투가 만연하고 있다.

인간이 위대한 이유는 생각하는 능력이 있기 때문이다. 그런데 이 위대한 능력을 우리는 어떻게 사용하고 있는가? 고작 자신이 하고 싶은 것, 갖고 싶은 것, 먹고 싶은 것을 얻기 위해 사용한다. 미워하고, 경쟁하고, 싸우는 데 사용한다. 또 다른 나인 타인, 국가, 인류를 위해 사용하는 사람은 극히 드물다. 환경을 가꾸고 보존하는 데 사용하지 않고, 파괴하는 데 사용한다. 우리가 속해 있고, 우리를 존재하도록 하는 것이 환경이라는 사실을 잊고 있다. 생각하는 능력을 행복해지는 데 사용하지 않고, 고통을 만드는 데 사용하고 있다.

인류는 과학, 기술, 문명의 급속한 발달과 함께 지구환경의 변화 속도도 급속히 증가시켰다. 그런데도 인간은 왜 고통 속에서 살고 있는가? 왜 우리가 사는 지구를 파괴하면서 자신을 괴롭히는가? 생각하는 동물인 인간이 위대하지 못하다면 생각하는 능력을 잘못 사용하고 있기 때문이다. 그렇다면 왜 제대로 사용하지 못할까? 한마디로 모르기 때문이다.

그렇다면 우리가 모르는 것은 무엇일까?

첫째, 끊임없이 생각이 일어나고 있지만, 생각을 알아차리지 못한다. 사람들은 자신이 하는 모든 말과 행동이 자신의 잠재된 생각의 표현임을 모른다. 무엇이 어디서부터 잘못된 것인지 알지 못하니 개선하기가 어렵다. 우리가 할 일은 자신이 하는 말과 행동이 생각에서 나오고 있다는 것을 깨닫는 것이다. 자신이 하는 말과 행동을 지켜봄으로써 미처 몰랐던 자신 안의 잘못된 생각과 매 순간 일어나는 생각을 알아차리는 일이다.

어린 시절 우리는 생존이 최우선인 생존 모드에서 살았다. 생존을 위협하거나 생존에 필요하다고 생각한 정보들은 저장하고 관리했다. 그 결과, 우리 몸에 만들어진 신경회로는 주로 생존을 위한 것들이었다. 어른이 되어서도 여전히 이러한 신경회로들이 자동으로 작동하고 있지만, 우리는 이를 알아차리지 못하고 있다.

현대인들은 지나칠 정도로 생각이 많다. 그러나 정작 무슨 생각을 하는지는 알아차리지 못한다. 현대인들이 집중력이 떨어지고, 불안해 하고, 많이 망설이는 이유도 이처럼 생각이 많아서가 아닐까 싶다. 사방에서 오는 자극이 저장된 프로그램에 영향을 미치면서 끊임없이 생각, 느낌, 감정을 일으키고 있지만, 우리는 이를 알아차리지 못한 채 그 속에서 힘들어 하고 있다.

둘째, 사람들은 생각하는 능력을 사용할 줄 모른다. 사람들은 '인간은 동물과 달리 생각하기 때문에 위대하다'고 믿는다. 그러나 정작 생각하는 능력이 왜 위대한지는 잘 모른다. 신을 닮게 하려고 인간에게만 부여했다는 것이 생각하는 능력이다. 인간은 생각으로 모든 것을 창조할 수 있다. 생각이 없었다면 어떻게 창조가 가능하겠는가?

그런데 그 창조 능력을 우리는 자신을 힘들게 하고, 고통을 만드는 데 사용하고 있다. 우리가 가진 창조 능력을 신이 부여한 것이라면 그것은 분명 세상을 위해 쓰도록 주었을 것이다. 한 개인의 욕심을 채우거나, 경쟁하고 다투는 데 쓰도록 주지는 않았을 것이다. 그런데 우리는 이를 어떻게 사용하고 있는가? 고작 생각으로 이야기를 만들고, 이야기 속에서 힘들어 하며 살고 있지는 않는가?

스트레스와 고통의 원인은 생각이다. 관점을 바꾸면 생각이 바뀐다. 긍정적인 생각이냐, 부정적인 생각이냐에 따라 인체의 반응은 정반대로 일어난다. 인체의 프로그램이 그렇게 만들어졌기 때문이다. 부정적인 생각은 부정적인 감정을 일으키고, 이것은 교감신경을 자극하여 긴장, 초조, 스트레스, 흥분 등 위기 상황을 극복하는 데 필요한 반응을 일으킨다. 반면에 긍정적인 생각은 긍정적인 감정을 일으키고, 이는 부교감신경을 통해 평화, 고요, 안정감 등 안정되고 균형된 상태를 유지하는 데 필요한 반응을 일으킨다.

한 가지 간단한 실험을 해보자. 음료가 반이 있는 컵을 앞에 두고 '반이나 남았네'라고 생각해 보라. 그리고 다시 '반밖에 남지 않았네'라고 생각해 보라. 이때 내 마음에서 일어나는 느낌과 감정이 실제로 어떻게 달라지는지 느껴보라. 이처럼 인체는 우리가 어떻게 생각하느냐에 따라 작용하는 신경과 분비되는 호르몬이 다르고, 이에 따라 일어나는 느낌과 감정이 다르다. 고통과 행복은 자신의 선택으로 인해 자신이 만들지만, 그것을 인식하지 못하고 있다.

셋째, 자기가 생각의 주인임을 모른다. 우리는 자신이 생각의 창조자라는 사실을 잊어 버렸다. 그 결과, 생각의 주인이 되지 못하고, 생각으로 자신을 한정 지으며 스스로 만든 감옥 속에 갇혀 있다. '나는 ~한 사람이야'라고 생각하며, 그 생각이 진짜라고 착각함으로써 자신이 하는 생각에 속고 있다. 다시 말해 자신을 한정 짓고, 한계 속에 자신을 가두어 괴롭히는 데 자신의 능력(생각)을 사용하고 있는 것이다.

부처님은 "죄는 모르는 죄 밖에 없다"고 하시며 '무지에서 깨어나기'를 강조하셨다. 나쁜 사람들도 자기의 행위가 나쁘다는 것을 모르기 때문에 하는 것이지, 안다면 할 리가 없다. 그렇다. 우리 인간은 너무도 모른다. 바른 것이 무엇이고, 자신이 어떤 존재이며, 자신에게 어떤 능력이 있는지 모른다. 능력을 어떻게 사용해야 하는지는 더더욱 모른다. 자기가 하는 행동이 바른지, 그른지조차 모른다. 잘못된 생각이 자신은 물론 세상의 고통을 창조해 낸다는 사실도 모른다.

모른다는 것이 얼마나 무서운 일인지 필자는 실제로 경험했다. 20대 때 진심으로 부모님을 위한 일이라 믿고 한 일이 있었다. 정말 잘한 일이라고 생각했기에 스스로 자랑스럽게 여겼다. 사람들에게도 칭찬과 인정을 받았기에 내 생각과 행동이 잘못됐으리라고는 생각조차 하지 못했다. 그런데 세월이 흘러 연로하신 어머니가 병원 생활을 하시게 되었다. 필자가 병원을 가면 어머니는 늘 미안하다고 말씀하셨다. 늘 미안하다는 말씀을 입버릇처럼 하신 어머니셨기에 예사로 들었다.

그러던 어느 날 나는 알게 되었다. 잘했다고만 생각했던 그 일로 인해 그동안 어머니가 얼마나 마음 아파하시며 사셨는지 알았을 때, 나는 어머니께 미안한 생각과 어리석은 내 행동에 대한 자책으로 가슴을 치며 얼마나 울었는지 모른다. 지금도 그 일로 20년 넘게 마음 아파하셨을 어머니를 생각하면 눈물이 멈추지 않는다. 그 후 나는 나의 무지와 어리석음이 사랑하는 가족들을 얼마나 힘들게 했는지를 깨닫고, '무지의 어리석음에서 벗어나지 않으면 안된다'는 것을 뼈저리게 느꼈다.

"인간은 만물의 영장이다"라는 말에 누구나 동의할 것이다. 기독교에서는 인간을 "신의 창조물 가운데 우두머리"라 표현하고, 유교 경전인 《서경》에서는 "하늘과 땅은 만물의 부모요, 사람은 만물의 영이다"라고 말한다. 이처럼 인간은 지구상에 사는 다른 동물들에 비해 우수한 지능을 가지고 있고, 다양한 도구를 사용하며, 고도로 발달한 언어와 문화 창조 능력으로 엄청난 문명을 이루어낸 특별한 생명체다. 철학자 데카르트는 인간이 만물의 영장인 이유를 생각하는 존재이기 때문이라고 했다. 그는 또한 인간이 역사에서 수많은 비극을 일으켰고, 수많은 시행착오를 범하고 있으므로 결코 만물의 영장이 아니라고도 했다. 그는 인간의 존재가치는 끝없이 자신을 의심하고 생각하는 데 있다고도 주장했다.

인간은 치타처럼 빨리 달릴 수도 없고, 코끼리처럼 크지도 않고, 상어처럼 날카로운 이빨과 강한 턱도 없으며, 독수리처럼 하늘을 마음껏 날지도 못한다. 하지만 생각하는 능력만으로 생태계의 먹이사슬에서 최고의 정점에 오를 수 있었다. 하지만 동물과 달리 고차원적 사고를 한다고 해서 만물의 영장일까?

인간의 사고 능력은 다른 동물들의 생명도 언제든지 말살할 수 있다. 지금까지 인간은 인간을 위한다는 이유로 수많은 동물들을 죽이고 이용해 왔다. 어쩌면 다른 동물에게 인간은 그저 무서운 천적에 불과할 수도 있다. 그런데도 인간이 만물의 영장이라고 불리는 이유는 다른 생명체를 보호하고 살려낼 수도 있기 때문은 아닐까? 그렇다면 인간은 다른 동물을 지구상에서 안전하고 편안히 살도록 잘 돌봐주는 리더나 보호자 역할을 해야 하지 않을까?

기독교에서는 인간이 모든 생물을 다스리는 존재라고 여긴다. 다스린다는 말은 스스로의 주인이며, 책임 있는 존재라는 의미를 포함한다. 그런 존재인 인간이 다른 생명체를 말살한다면 생태계는 파괴되고 말 것이다. 그것은 인간 스스로 자멸을 초래하는 일이기도 하다. 만물의 영장으로서 인간이 부여받은 임무는 모든 생명체와 함께 사는 조화로운 세상을 만드는 것이다.

우리는 생각의 주인이다. 스스로 생각이 만든 이야기 속에서 고통, 슬픔, 기쁨, 행복이라는 온갖 체험을 하는 놀라운 능력이 있다. 이 얼마나 경이로운 일인가? 그것이 우리가 가진 능력이라는 사실은 또 얼마나 놀라운 일인가? 지금 나에게 일어나는 일들이 모두 나의 생각에 의한 것이라니, 생각의 힘이 실로 놀랍지 않은가? 이 놀라운 능력을 가진 존재가 나라는 사실에 모두가 깨어났으면 좋겠다. 이것이 필자가 이 책을 쓴 이유이기도 하다.

3부

생물에서 답을 찾다

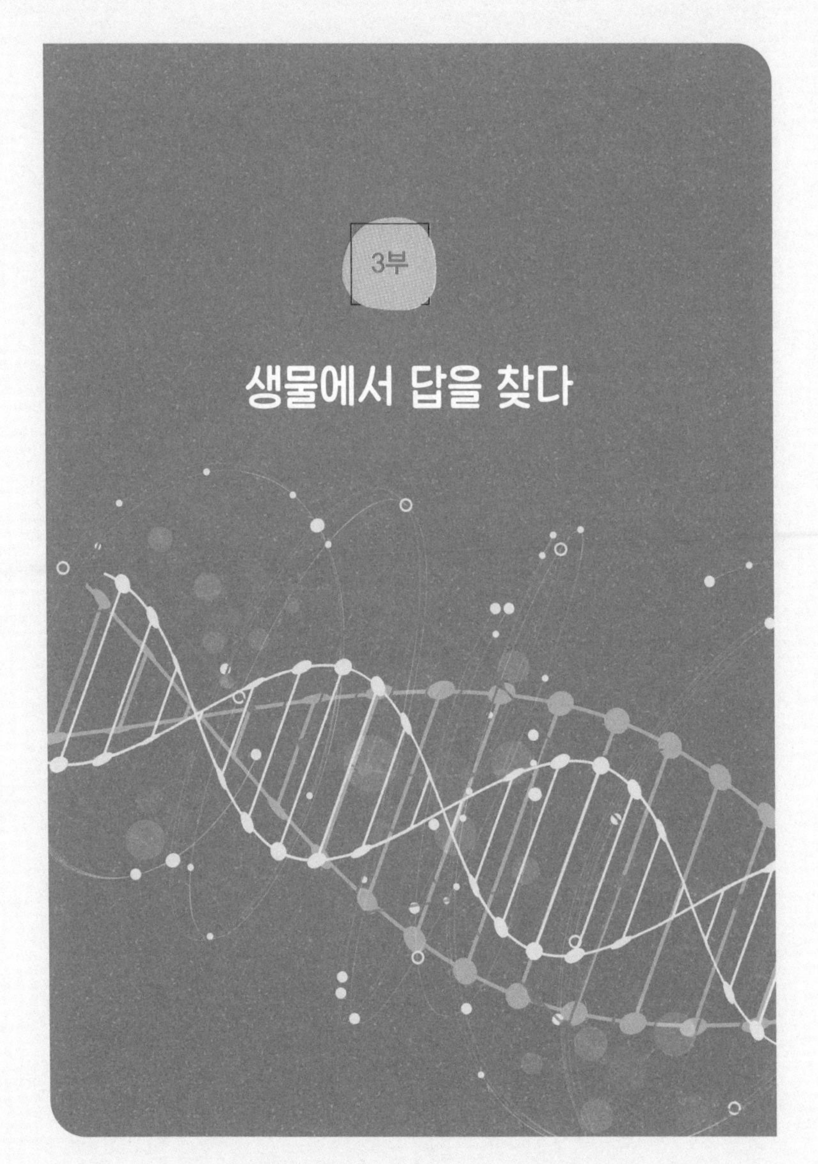

1부는 생물의 기본 이해를 중심으로, 2부는 인체와 인간을 중심으로 알아보았다. 3부는 생명을 이해하고, 명상하면서 깨달은 것을 바탕으로 삶을 어떻게 바꿀 수 있으며, 어떻게 살아야 하는지, 우리가 원하는 삶을 어떻게 창조할지 생물에서 답을 찾아보려고 한다. 매 순간 상황과 조건에 따라 변하는 것이 우리 삶이라고 볼 때, 삶에 관한 한 고정된 답은 없다. 그런 점에서 필자는 '생물에서 답을 찾았다'가 아닌 '생물에서 답을 찾다'로 하여 진행형의 의미로 썼다. 9장에서는 세포, 인체, 지구가 프랙탈적이라는 것을 중심으로 새로운 관점에서 생물을 이해하기를 제안한다. 우리가 일상에서 사용하는 많은 과학적 지식과 개념, 이름들의 한계와 허구성, 그리고 이것들이 우리 삶에 미치는 영향을 알아보고, 우리의 관점이 삶에 어떻게 영향을 미치는지, 우리는 어떤 관점으로 살아야 하는지 생각해 보고자 한다. 10장에서는 매 순간이 선택인 우리 삶에서 스스로 원하는 삶을 창조하기 위해 생각의 주인으로서 인생의 고수가 될 것을 제안한다. 세포가 인체와 하나이듯, 인생의 고수로서 세상과 하나가 되어 신나게, 적극적으로, 매 순간 배우면서 활기차게 살기를 바라는 필자의 마음을 정리해 보았다.

9장

관점을 바꾸어라

1. 자연과 인간의 몸은 프랙탈이다

자연에는 '질서'와 '법칙'이 존재한다. 규칙성이 있다는 뜻이다. 이 규칙성이 무너지면 자연 생태계는 붕괴한다. 세포, 생물(인간), 지구를 포함한 자연은 프랙탈이다. 자연계에는 모양이나 현상이 복잡하고, 불규칙한 것들로 가득하다. 인류는 이렇게 다양한 자연계 모양과 현상들 안에서 공통성과 규칙성을 찾아 그 원리를 밝히려는 노력을 쉬지 않고 해왔고, 지금도 하고 있다.

하나의 통일적인 관점에서 자연을 설명한 사람은 프랙탈 이론의 창시자 만델브로(Benoît B. Mandelbrot, 1925~2010)다. 그는 프랙탈 개념을 활용해 자연을 해석했다는 점에서 천재라 할 수 있다. 과학이 발달하면서 자연계의 신비성은 프랙탈과 깊은 관계가 있다는 것을 알게 되었다. 세포, 생물, 인체, 지구가 바로

〈그림18〉 1.5차원의 프랙탈 구조와 숲의 모델

프랙탈적이다. 생물에서 몇 가지 예를 들어 보자. 다음은 《프랙탈과 카오스의 세계》에 나온 내용을 정리한 것이다.

나무는 대부분 큰 가지가 나뉘면서 여러 작은 가지가 생기고, 그 작은 가지도 갈라지면서 또 작은 가지가 생긴다. 나무는 저마다 나름의 프랙탈 차원을 가진다. 〈그림18〉은 1.5 차원의 규칙적인 프랙탈인데, 실제 나무와 같은 이미지다. 나무는 물과 영양분을 전체에 고루 운반하기 위해 프랙탈 구조를 형성한다. 나무가 모여 사는 숲도 프랙탈 구조다. 자연은 프랙탈에서 시작하여 그 구조를 계속 반복한다.

〈그림19〉는 축소를 계속 반복하면서 고사리 잎을 만드는 과정을 나타낸 것이다. 이것처럼 모든 자연현상이 스케일(크기, 규모)을 일정한 비율로 줄이거나 늘려나가는 단순한 규칙을 되풀이한다. 사람이 태어나 성장하고, 늙어서 죽는 과정뿐 아니라 인체

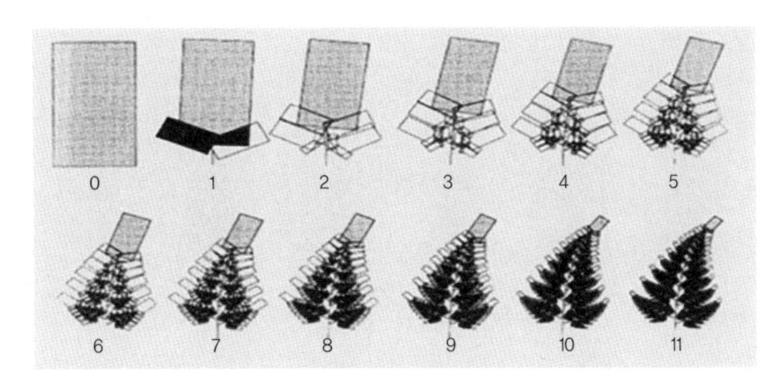

〈그림19〉 고사리 잎의 모델

에서 일어나는 현상, 지구상에서 일어나는 모든 현상의 되풀이도 같은 이치가 아닐까 싶다. 간단한 규칙을 무한히 반복할 뿐만 아니라, 반복 주기가 일정한 비율로 빨라진 결과 급격히 혼돈상태로 변화한다는 것이 카오스의 원리다. 요컨대, 자연의 복잡하고 불규칙한 현상도 알고 보면 단순한 법칙에 의해 지배받는 것이다.

이를 인간의 신체에서 한번 찾아보자.

뇌의 표면: 뇌에는 커다란 주름이 있으며 자세히 들여다보면 다시 더 작은 주름이 계속된다. 이러한 뇌의 구조는 제한적인 공간에서 표면적을 최대한 넓힌다는 점에서 유리하다. 뇌의 주름 패턴은 프랙탈 구조를 띤다. 인간의 뇌는 개인차가 있기에 다양한 값이 있겠지만, 대개 2.73에서 2.79 정도의 값을 갖는다고 한다. 3차원에 가까운 이 값은 인간의 뇌가 3차원 세상을 창조하

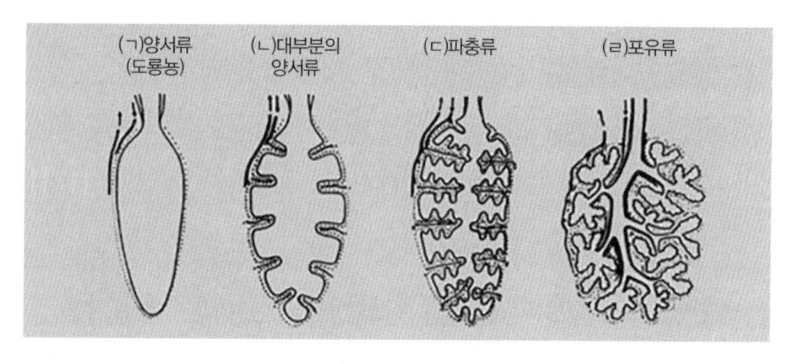

〈그림20〉 폐의 진화도

는 것과도 연관이 있을 것 같다. 인간 뇌의 주름들을 펴보면 신문지 한 장 크기의 넓이가 된다고 하지만, 실제로는 더욱 넓어질 가능성도 있다. 한마디로 인간의 지능은 개발 가능성이 무한한 것이다. 머리를 많이 쓰는 일은 뇌의 프랙탈 차원을 높인다. 따라서 새로운 정보로 뇌를 계속 자극하면 치매를 예방하는 효과도 있지 않을까?

폐: 폐는 산소를 체내로 흡수하고 이산화탄소를 체외로 배출하는 기체 교환이 일어나는 곳이다. 폐는 공기와의 접촉 면적을 늘리기 위해 기관지가 사방으로 뻗으며 프랙탈 구조를 만든다. 같은 이유로 폐 안에 분포된 모세혈관과 동맥, 정맥도 역시 프랙탈 구조다. 〈그림20〉은 폐가 점차 복잡한 모습으로 진화해 온 과정으로, 진화의 방향도 프랙탈이다. 프랙탈 구조가 가장 효율이

높은 구조이기 때문이다. 더구나 프랙탈 구조는 어느 한 부분이 손상되거나 파괴되어도 전체 기능을 상실하는 것을 막아준다. 만약 인간의 폐가 프랙탈 구조가 아니라 양서류와 같이 밋밋한 구조였다면, 어느 한 군데에 결핵균이 침입해 구멍을 낸다면 당장 호흡 곤란이 일어나 질식하고 말 것이다.

인간을 비롯한 모든 생물의 신체 구조는 개방계(에너지나 물질을 외부에서 받아들이고, 외부로 내보내는 구조)이기 때문에 외부와 끊임없이 물질과 에너지를 주고받는다. 물질대사를 하는 곳은 대부분 프랙탈 구조다. 프랙탈 구조가 가장 효율적이기 때문이다. 어떤 생물종이 하등이냐, 고등이냐를 구별하는 데도 프랙탈 구조의 복잡성 여부로 판단할 수 있다.

자연은 계층 구조를 갖추고 있다. 그런데 놀라운 사실이 있다. 원자 세계로부터 은하계에 이르기까지 각층의 구조는 다른 계층의 구조와 고도의 질서를 유지하면서 밀접하게 연관되어 있다는 점이다. 다시 말해 소우주는 대우주와 닮았으며, 전 우주의 구조와도 일치한다. 인체 전체의 구조가 손발과 대응한다는 수지침의 원리도 매우 시사적이다. 자연 구조의 본질을 이해하면 프랙탈은 지금까지 인간이 애써 외면하거나 신비의 영역으로 간주하여 멀리해 온 현상들을 과학적으로 관찰하고 이해하는 유용한 도구가 된다.

2. 개념과 이름은 사실이 아니다

개념과 이름은 실체가 없다

과학은 사실을 바탕으로 한다. 일반적으로 지식이란 '정보를 체계화하고 개념화한 것'이다. 한마디로 '정보'라고 할 수 있다. 여기서 '개념화'란 정보를 구조화하여 사람이 쉽게 이용하고, 이해하도록 만든 것이다. 따라서 과학 지식은 사실을 바탕으로 만든 정보를 구조화하고 조직화하여 저장한 것을 의미한다.

과학 지식이나 개념을 사실과 혼동하는 경우가 많다. 우리는 왜 과학 지식을 사실이라고 믿고 신뢰할까? 사실이라면 100퍼센트 신뢰할 수 있어야 한다. 과학이 사실을 바탕으로 하며, 과학 지식이 경험적, 논리적, 체계적, 객관적이고 타당성과 신뢰성을 확보하고 있다는 이유로 사람들은 진실과 혼동하고 있는 것은 아닐까? 개념과 사실의 혼돈에서 벗어나기 위해 생명과학과 관련된 몇 가지 개념을 어떻게 만들었는지 살펴보자.

세포를 최초로 관찰한 사람은 영국의 로버트 훅(Robert Hook, 1635~1703)이다. 그는 얇은 코르크 조각을 현미경으로 관찰해 수없이 많은 작은 방으로 된 것을 발견하고는 이것을 세포(Shell)라 명명했다. 그가 실제로 관찰한 것은 세포 전체가 아니라 코르크의 세포벽이었다. 그는 많은 식물에서 세포를 관찰한 후, 세포가 식물체의 기본 구조라고 생각했다.

이 무렵 네덜란드의 렌즈 연마 분야 도제인 레벤후크(Anton van Leeuwenhoek, 1632~1723)가 보다 정교한 현미경을 만들어 미생물, 정자(精子), 혈구 등 살아 움직이는 세포를 관찰했다. 그러나 그도 세포의 세밀한 부분까지는 관찰하지 못했다. 동물해부학 분야에서 많은 업적을 쌓은 이탈리아의 해부학자 말피기(Marcello Malpighi, 1628~1694)는 여러 가지 식물 세포나 조직을 관찰해 해부도를 남겼는데, 그는 식물 세포를 소낭(小囊)이라고 불렀다.

이때까지 과학자들은 모두 세포벽이나 세포 윤곽을 관찰한 것으로, 세포의 내용물에는 주목하지 못했다. 그러나 19세기 초 많은 세포학자가 세포 내의 점액성 물질을 발견하면서 1839년 독일의 슐라이덴(Schleiden, Mattias Jakob, 1804~1881)과 슈반(Schwann Anbrose Theodor Hubert, 1810~1882)은 '모든 생물체는 세포로 이루어진다'는 '세포설'을 확립하였다. 슈반은 새로운 세포는 어미 세포의 핵에서 생성된다고 해서 핵을 '세포 형성체'라고 불렀다. 당시 슈반의 세포설이 너무도 획기적이었기 때문에 세포 형성체설 같은 오류는 오랫동안 정정되지 않았다. 그러나 '세포는 세포분열에 의해 생성된다'는 확실한 증거로 인해 슈반의 세포 형성체설은 점차 수정되어 갔다. 그중에서도 비르초우(Rudolf Virchow, 1821~1902)는 '세포는 세포에서 생성된다'라는 유명한 말을 남겨 세포 증식의 기본 개념을 확립했다.

현미경의 발명으로 나온 세포설은 처음에 식물 세포 발견에서 점차 동물 세포와 단세포 관찰로 발전해 완성되었다. 현미경의 발명은 고정관념에서 벗어나게 하여 생물학 발전에 큰 영향을 주었다. 현미경을 통해 있는지조차 몰랐던 다양한 생물들을 보게 되면서 사람들의 의식은 크게 확장되었다. 이로써 생물이 어떻게 태어나는지 의문을 가지게 되었고, 전성설이 등장했다.

전성설은 난자나 정자 안에는 매우 작지만 이미 완전한 사람의 형태가 존재하며, 이것이 눈에 보일 만큼 커지면 사람이 태어난다고 설명하는 학설을 말한다. 그러나 자손은 아버지와 어머니를 모두 닮는다는 등의 모순이 지적되면서 전성설은 당시 학자들 간의 주요 논쟁거리가 되기도 했다. 이러한 논쟁의 이유는 과학적 사고와 생명과학 지식이 축적되지 않았기 때문인데, 이후 생명과학의 발달로 생물의 발생과정이 밝혀짐에 따라 전성설이 옳지 않다는 것은 사실이 되었다.

이처럼 간단한 생명과학의 발달과정만 보아도 과학 지식은 절대불변의 진리가 아니라, 새로운 증거가 나오면 언제라도 바뀔 수 있으며, 수정 · 보완되는 임시적인 개념 체계임을 알 수 있다. 또한 현대의 과학철학에 따르면, 과학은 주관적이고 이념적인 학문으로 인식되고 있다. 과학 지식뿐 아니라 우리가 아는 모든 지식은 임시적인 개념 체계로서, 우리가 성장 과정에서 보고, 듣고, 배워서 저장된 정보들에 불과하다. 개념이란 구체적인 모양과 형태 등은 다를 수 있지만, 공통적인 것을 중심으로 '일반화'한 보편적 관념을 말한다. 따라서 개념이란 실체가 존재하지 않는다. 과학적 지식과 개념은 사실을 바탕으로 하지만, 과학자들이 만들어 낸 보편적인 관념(이야기)이라는 점에서 사실과는 분명 거리가 있다. 그것은 생성된 시대와 그 시대 사람들의 관점에서 만들어진 일종의 이야기라 할 수 있다.

이야기는 언제나 변할 수 있다. 그러나 사람들은 이야기를 진실이라고 믿고, 그것들이 여전히 지금도 진실일까 하는 의문을 품지 않는다. 물론 많은 지식인과 과학자가 관찰하고 확인한 것들이기에 더욱 신뢰할 수 있음은 인정한다. 사실을 바탕으로 연구하는 그들의 이야기가 체계적이고 논리적으로 정리된 것이라는 점에서 우리 생활에 유용할 때도 많다.

그러나 그것이 변함없는 진실(사실)인지 의문을 가질 필요는 있다. 세상과 사실은 하나며, 매 순간 변하고 있기 때문이다. 우리에게는 매 순간이 새로운 시작이다. 100퍼센트 항상 믿을 수 있는 것도, 100퍼센트 항상 믿을 수 없는 것도 없다. 그러므로 매 순간 단정하기보다는 항상 여지를 남겨두어야 한다. 100퍼센트 옳다거나 모든 상황에 적용된다는 믿음은 생각에 한계를 만들고, 마음을 닫게 한다. 그러한 믿음은 생활의 동력이 될 수도 있지만, 때로는 진정한 성장과 배움에 장애가 되기도 하며, 갈등과 고통을 초래하는 원인이 되기도 한다.

그래도 개념과 이름은 필요하다

개념과 이름은 왜 필요할까? 인체를 한번 생각해 보자. 인체에는 수많은 세포와 조직과 기관이 있다. 이렇게 모양이 다른 수많은 부위가 연결되어 인체를 이룬다. 머리, 몸통, 손과 발이 있고, 이들을 세분화하면 머리에는 머리카락이 있고, 눈, 코, 입, 귀, 눈썹이 있고, 이들 각각은 다시 더 세분화할 수가 있다. 이처럼 우리 몸에는 부분마다 우리가 부여한 이름과 개념이 있다. 수많은 이름과 개념은 인체의 부분에 붙인 이름일 뿐, 이들이 실제로 분리되는 것은 아니다. 이름과 개념을 붙여 사용함으로써 인체에서 기능과 관계를 이해하고, 내 몸을 더 잘 알고 돌볼 수 있다. 인류가 세상의 모든 사물과 현상에 이름을 붙이고, 개념을 만들어 사용하는 이유도 바로 의사소통을 쉽게 하여 세상(지구)을 잘 이해하고, 잘 살기 위해서다.

예를 들어 사과를 먹고 싶다고 가정해 보자. 남편에게 퇴근길에 사과를 사오라고 부탁하려면 어떻게 해야 할까? 사과를 보여주면서 사오라고 하면 간단할 것이다. 그런데 가진 사과도 없고, 사과라는 이름도 없다면 어떻게 해야 할까? 사과의 모양, 맛, 특징을 장황하게 설명해야 한다. 그런데도 남편이 잘못 이해한다면 사과를 먹을 수 없을지 모른다. 인류는 이런 일을 방지하기 위해 사물에 이름을 부여했다. 이름과 정보를 공유함으로써 간단하고 편리하게 의사전달을 할 수 있게 된 것이다.

개념도 마찬가지다. 어떤 음식을 먹고 난 후 어떤 맛인지 설명할 경우, 장황한 설명 대신 "음식 맛이 꼭 사과를 먹는 것 같아"라고 하면 쉽고 간단하게 그 맛을 표현할 수 있다. 이처럼 개념과 이름을 이용하여 우리는 소통을 편리하게 할 수 있다. 하지만 개념과 이름은 사실을 나타내기 위해 편의상 사용하는 언어적 도구일 뿐이다. 사실을 부분적으로 표현하거나 전달할 수 있을 뿐 사실은 아니다.

그러나 사람들은 오랫동안 개념과 이름에 의존해 소통하다 보니 이를 사실로 착각하는 경향이 있다. 의미도 사람마다 다르게 알아서 오해와 갈등을 불러오기도 한다. 예를 들면, '사과'라고 했을 때 사람마다 떠올리는 사과가 다르고, 그에 대한 느낌과 감정도 다르다. '사과'에 대한 개념이 사람마다 다른 상황과 조건에서 만들어졌기 때문이다. 이것을 모르고, 자신이 가진 사과의 개념과 상대가 가진 사과의 개념이 같으리라 생각한다면 오해와 갈등이 빚어질 수 있다.

이처럼 사람마다 개념이 다르다는 것을 인정하고 수용한다면 상대의 생각(개념)에서 미처 몰랐던 새로운 정보를 얻을 수 있다. 그리고 우리가 사용하는 개념과 이름이 사람에 따라 다르게 만들어진 관념에 불과하며, 언어로 표현되는 모든 것들이 실체가 없는 관념적인 것들임을 이해하면, 삶은 훨씬 가볍고 경쾌해질 것이다.

3. 개체란 존재하는가

모든 경계는 개념이다

과학자들은 대부분 세포뿐 아니라 생물 개체들을 독립된 생명체로 인정한다. 그래서 그들은 닭의 알처럼 맨눈으로 볼 수 있는 것부터 현미경이 없으면 보지 못하는 것까지 크기에 따라 세포를 분류하고, 발생과정과 발생단계, 발생방법에 따라 생물을 분류한다. 그들에 따르면, 모든 세포는 자신과 주변을 분리하는 바깥쪽막(세포막)이 있어서 필요한 물과 다른 화학물질들을 감싸고 있고, 이 막이 세포 안과 밖의 경계이며, 세포 안팎으로의 물질 출입을 조절한다고 한다. 세포가 생명활동의 주체로서 세포막을 통해 물질의 출입을 조절한다고 보는 것이다.

그러나 필자가 아는 한 세포막을 통한 물질의 출입 현상은 세포막을 구성하는 물질과 주변 물질들 사이의 조건(온도, pH 등)에 따른 물리 · 화학적 변화에 불과하다. 원래부터 세포막이라는 분리 가능한 구조가 있는 게 아니라, 조건과 상황이 다른 두 부분(편의상 세포안과 밖이라 구분)을 구분하기 위해 안과 밖 사이의 특정 부분에 세포막이라는 이름을 붙였을 뿐이다. 세포의 안쪽과 바깥쪽이라는 것도 편의에 따라 막의 한쪽을 안, 다른 한쪽을 밖이라 이름을 붙였을 뿐, 다른 과학자가 발견했더라면 서로 바뀌었을 수도 있다.

사실 세포막은 안과 밖을 구분하기 위해 사용한 개념일 뿐이다. 세포막은 세포와 분리될 수 없는 한 부분으로, 세포의 안과 밖 사이에 위치한 또 다른 한 부분이다. 따라서 세포 안, 세포막, 세포 밖이라는 세 부분은 모두 하나로 연결되어 있다. 그러면 누군가는 "이 세 부분 사이에 경계가 있을 수도 있지 않느냐?"고 반문할지도 모른다. 하지만 전자현미경으로 확대해 보면, 이들 사이에는 분리되지 않는 또 다른 더 좁은 영역들이 연속되어 있음을 볼 수 있다.

그러므로 경계는 서로 다른 부분들을 구분하기 위해 사용한 개념일 뿐 실제로 존재하지 않는다는 것을 알 수 있다. 세포(세포 안)와 세포 아닌 것(세포 밖)이 세포막을 사이에 두고 연결되어 있듯, 서로 다른 두 세포는 세포 간극을 사이에 두고 연결되어 있다. 생명체 내에서 경계란 서로 다른 두 부분을 구분하기 위해 사용하는 개념에 불과하다. 실제로 더욱 중요한 사실은 이들을 분리할 수 없다는 점이다.

모든 것은 연결되어 있다

세포와 세포 밖이 '세포 안-세포막-세포 밖'의 순서로 연결되어 있듯, 서로 다른 두 세포 A, B는 'A세포-세포 간극-B세포'로 연결되어 있다. 경계는 조건이나 상태가 다른 두 부분을 구분하기 위해 서로 다른 이름을 붙이면서 생겨난 가상의 어떤 것(개

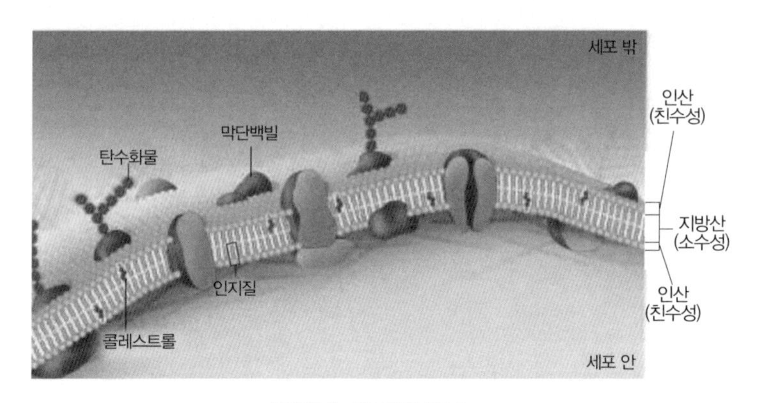

〈그림21〉 세포막의 구조.
세포막은 세포막의 안 또는 밖과 다른 부분일 뿐 세포의 안과 밖을 분리하는 경계가 아니다.

념)일 뿐이다. 경계는 실재하지 않으므로 모든 것은 서로 연결되어 있다. 그런데 우리는 경계가 실재한다고 생각한다. 집단의 공통적인 생각은 그것을 진실이라고 믿게 만든다.

지구에도 대륙명, 국가명, 지역명이 있다. 이들 사이에는 경계(예를 들면 국경)가 있다. 그러나 실제로 지구에는 어떤 경계도 없다. 지도에 표시된 국가 간의 경계(국경)나 지역 간의 경계는 사람들의 공통된 생각이나 약속을 평면상에 표시한 것일 뿐, 실제로 존재하는 것은 아니다. 지구는 어떤 경계로도 분리할 수 없다. 지구가 만약 분리된다면 인류도 세상에서 사라질 것이다.

경계가 실재하는 것이 아니라 개념에 불과하다는 사실을 인정한다면, 세포(세포 안)와 세포 아닌 것(세포 밖)은 분리될 수 없고, 세포와 세포도 분리될 수 없음을 알 수 있을 것이다. 하나의 생명체 안에서는 모든 것이 하나로 연결되어 있다는 것도 알 수 있을 것이다. 따라서 지구라는 생명체 안에서 모든 것들이 연결되어 있다는 것도 짐작할 수 있을 것이다.

당신은 앞면이나 뒷면만 있는 동전을 본 적이 있는가? 동전의 앞면과 뒷면은 결코 분리될 수 없다. 뒷면을 없애도 동전의 두께만 얇아질 뿐, 여전히 뒷면은 존재한다. 뒷면이 사라지는 순간, 동전 앞면은 물론 동전 자체가 존재할 수 없다. 동전 앞면이 존재하려면 뒷면이 있어야 하듯, 이런 세포가 있으려면 저런 세포도 있어야 하고, 세포가 존재하려면 세포 아닌 것(환경)도 있어야 한다. 동전의 앞면과 뒷면이 분리된다는 것은 앞면 아니면 뒷면의 관점에서 일으키는 착각이다. 세포가 분리되어 있다거나 분리될 수 있다는 생각은 세포의 관점에서 보는 착각일 뿐이다. 그렇다면 어떻게 해야 이들이 하나임을 알 수 있을까? 개체(부분)의 관점이 아닌 전체의 관점에서 봐야 가능하다.

세상 전체가 통째로 하나인 관점에서 보면, 세상은 분리될 수 없는 하나의 거대한 생명체임을 알 수 있다. 존재하는 일체가 세상이라는 대생명체의 부분으로서 존재한다. 전체 안에서 일체는 서로 연결되어 있으므로, 모든 것이 나와 연결되어 있고, 나는 그것들과 분리될 수 없다. '나'는 '나 아닌 것'들이 존재함으로써 존재할 수 있다. 즉, '나'는 '나 아닌 것'들 덕분에 사는 것이다. 우리 모두 세상이라는 거대한 그림을 구성하는 내용물이며, 세상을 이루는 매우 작지만 아주 중요한 퍼즐 조각인 것이다.

분리될 수 있는 것은 없다

우리는 세포가 인체를 구성하는 기본 단위이며, 생명활동이 일어나는 최소 단위라고 안다. 인체에는 세포, 조직, 기관, 기관계가 있고, 각각의 부분에는 또다시 수많은 이름이 있다. 인체 각 부분의 명칭은 부분들의 명칭일 뿐, 그들 사이에는 어떠한 경계도 없다. 모두 하나로 연결되어 있기 때문이다. 그래서 인체에서 일어나는 모든 변화는 인체를 구성하는 모든 요소의 상호작용으로 나타나는 인체의 생명활동 현상이다.

인체 각 부분의 이름이 다르다고 해서, 이들 사이에 분리할 수 있는 어떤 경계가 있거나 이들이 분리할 수 있음을 의미하는 것은 아니다. 이와 마찬가지로 지구에도 분리 가능한 경계가 실재하지 않는다. 세포와 개체, 생물, 무생물, 환경에 이르기까지 지구상의 모든 것은 연결되어 있으며, 단일체로서 존재한다. 따라서 모든 것은 지구 안에서만 존재할 수 있다. 우리는 세포와 인간의 관계를 통해 인간과 지구(또는 우주)의 관계를 올바르게 이해할 필요가 있다. 우리가 모두 분리할 수 없는 하나임을 알 때, 우리의 관점은 전체로 이동하고, 우리 삶은 더없이 편안하고 행복해지기 때문이다.

적혈구는 신경세포가 하는 일을 이해하지 못하고, 오른손은 왼손이 하는 일을 이해할 수 없으며, 발은 머리가 하는 일을 이해할 수 없듯, 개체적 관점에서는 다른 개체들을 이해할 수 없다. 개체적 관점에서는 모든 개체가 분리되어 있으며, 개체인 자신이 가장 중요하다. 다른 개체와 비교함으로써 협력하기보다는 경쟁해야 한다고 생각한다. 비교 때문에 좋고 나쁜 것이 생기고, 좋아하는 것과 싫어하는 것이 생긴다. 존중보다는 무시하는 마음이, 감사보다는 미워하는 마음이 생긴다. 이로 인해 전체의 조화와 균형은 파괴되고, 전체는 물론 개체도 존재할 수 없게 된다. 반면에 전체적 관점에서는 모든 개체가 전체를 이루는 한 부분으로서 하나로 연결되어 있어 함께 해야 한다는 것을 안다. 그래서 서로 소중히 아끼고, 존중하며, 함께 하려는 마음이 절로 생긴다.

우리는 살려지고 있다

지구라는 하나의 생명체 안에서 우리는 끊임없이 상호작용을 해야 하는 단일체다. 따라서 우리는 스스로 사는 존재가 아니라 나 아닌 모든 것들에 의해 살려지고 있는 존재다. 이것은 인체만 봐도 쉽게 이해할 수가 있다.

인체에서 신경계는 몸 안팎의 각종 변화에 대처해 신체 각 부분의 기능을 종합적으로 통제하는 기관이다. 신경계에는 중추신경계와 말초신경계가 있는데, 중추신경계는 뇌와 척수로 이루어져 있고, 말초신경계는 중추와 감각기 또는 중추와 운동기(반응기) 사이의 자극을 전달한다. 말초신경계는 다시 체성신경계와 자율신경계로 나뉘며, 체성신경계는 감각기(수용기)에서 들어온 감각 정보를 대뇌로 전달(감각신경)해 자극을 느끼게 하거나, 뇌와 척수에서 받은 명령을 골격근으로 전달(운동신경)해 근육운동을 일으킨다. 대뇌와 독립적인 자율신경계는 내분비계와 더불어 심혈관, 호흡, 소화, 비뇨기, 생식기, 체온 조절계, 동공 등의 기능을 조절해 신체의 항상성을 유지하는 역할을 한다. 자율신경활동은 우리의 의사로는 조절되지 않는다.

우리가 손과 발, 근육을 이용해 몸을 움직이는 활동은 대뇌(사고, 판단. 감각 작용을 담당)의 명령이 체성신경계를 통해 근육에 전달되어 일어나기 때문에 내 의지(생각)로 어느 정도 조절할 수 있다. 그러나 정작 인체의 생명과 직접 관련된 활동들(호르몬 분비, 심장 박동, 호흡, 소화, 배설, 항상성 유지)은 의지와 관계없이 조절된다. 이는 대뇌(사고 기능)의 영향을 받지 않는 자율신경계가 조절하기 때문이다. 이처럼 내 몸이 살고 죽는 것은 내 의지와는 상관이 없다. 오히려 기온이나 외부 환경, 심지어 다른 사람이 내 몸에서 땀을 나게 하고, 심장을 뛰게 하며, 호흡을 빨라지게 할 수 있다. 내 몸의 생명은 '나' 보다는 '나 아닌 것'들에 의해 더 영향을 받는 것이다.

그렇다면 내 몸을 내가 조절할 수 있어야 하는데, 왜 그럴 수 없는 것일까? 내 생명이 환경의 영향을 받고, 나 아닌 다른 사람의 영향을 받는다는 것을 어떻게 설명할 수 있을까? 이것은 필자가 학생들을 가르치면서도 풀리지 않는 의문이었다. 그러나 이제는 답을 안다. 우리는 분리된 존재가 아니기 때문이다. 인체를 구성하는 세포들이 서로 연결되어 있듯, 우리는 지구 또는 우주라는 생명체 안에서 모든 것과 연결되어 있기 때문이다.

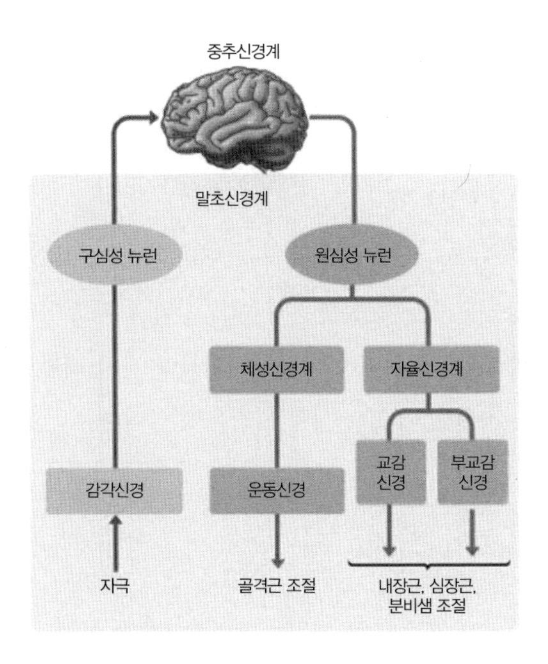

〈그림22〉 말초신경계의 구성

인체와 세포의 관계를 크게 확장한 것이 지구와 인간의 관계다. 지구(우주, 세상)를 하나의 생명체라는 관점에서 보면, 인류를 비롯해 존재하는 모든 것은 먼지 한 톨까지도 나와 연결되지 않은 것이 없다. 이러한 사실을 일상생활에서 잊지 않고 자각할 때, 길섶의 풀 한 포기, 주변의 돌멩이 하나에도 더 깊은 관심과 사랑을 느끼게 된다. 그럴 때 우리는 사랑과 행복이 충만한 삶을 살게 된다.

4. 관점은 바뀌어야 한다

관점이란 무엇인가?

'관점(a point of view)'이란 사물이나 현상을 보고 생각하는 태도나 방향을 뜻한다. 사물을 볼 때 방향과 위치에 따라 모습이 다르듯, 어떤 사실이나 현상도 보는 관점에 따라 해석과 생각과 행동이 달라진다. 그런 면에서 관점은 현상이나 사건을 어떻게 보고, 무엇을 보고, 무슨 생각을 하는지 말하는 것이다. 인간관계에서 오는 모든 오해와 갈등도 사실은 관점이 다르기 때문이다.

사실 관점에는 옳고 그름이 있을 수 없다. 따라서 개인에 따라 관점이 다를 수 있음을 이해한다면 갈등을 줄일 수가 있다. 그 사람의 해석과 생각, 행동을 통해 사물이나 사건을 더 넓고 깊게 이해할 수 있을 뿐만 아니라 나아가 갈등 상황을 성장과 발전의 기회로 만들 수도 있다. 관점은 비판과 평가의 대상이 아니라 수용의 대상이다. 관점의 다름은 다양성을 만들어 낸다는 점에서 인류의 안정과 발전에 매우 유용하다.

그렇다면 관점은 어떻게 만들어질까? 사람의 생각과 느낌은 과거의 경험과 기억에서 나온다. 생각하고 느끼는 것은 매 순간 말이나 행동으로 나타난다. 그것을 '태도'라고 한다. 태도가 반복되면서 주변으로부터 긍정적인 반응을 계속 경험하면 자신의 태도에 믿음이 생겨난다. 믿음은 오랫동안 경험한 자신의 상태로서, 잠재의식으로 자리 잡는다. 믿음들이 자리를 잡으면 그에 의해 인식 체계가 만들어진다. 인식 체계가 가치관의 형태로 무의식에 자리 잡으면, 마치 컴퓨터에 내장된 프로그램처럼 현실에서 자동으로 작동되면서 삶에 관여하게 된다. 믿음은 매 순간 선택하고, 행동하고, 관계를 맺으며 살아가는 삶에서 때로는 운명을 결정하기도 한다.

필자도 성장하면서 주변 사람에게 반복적으로 칭찬을 받은 행동이나 생각에 대해서는 내가 옳다는 강한 믿음을 가졌다. 믿음은 일종의 신념으로 발전해 가치관을 형성하는 중요한 요인이 되었다. 그 믿음에 반하는 반응을 보이는 사람에게는, 심지어 가족일지라도 부정적 감정을 가지기도 했다. 하나의 고정된 관점이 자신은 물론 주변 사람까지 힘들게 한다는 것을 깨달은 것은 부끄럽게도 나이 오십이 되었을 때였다.

관점은 우리 삶과 어떤 관계가 있을까?

삶은 관점이 거의 전부라고 할 수 있다. 관점이 없는 삶은 있을 수 없다. 단순히 사물이나 사건을 보고 이야기하는 것도 관점이 없으면 불가능하다. 관점에는 좌/우, 위/아래, 앞/뒤만 있는 게 아니다. 중도도 있고, 각 관점 안에서도 수없이 세분화가 가능하다.

관점이 중요한 것은 결국 자신의 위치, 즉 정체성을 나타내기 때문이다. 사람은 어떤 사물이나 사건을 대할 때, 충분히 객관적인 사실만을 보고 있다고 할 때조차도, 결국은 자신이 가진 생각을 중심으로 해결한다. 따라서 관점에는 사실상 옳고 그름이 있을 수 없지만, 관점에 따라 달라지는 해석과 생각과 행동은 삶에 매우 큰 영향을 미친다.

어떤 삶이든 관점이 없는 삶은 없다. 당신의 관점은 어디에 있는가? 자신의 관점이 어느 지점에 있으며, 어디를 향해 있는지 아는 것은 매우 중요하다. 관점은 세상과 삶을 보는 기준이자 척도이기 때문이다. 사람들이 각자의 관점을 갖는 것은 당연하다. 하지만 매 순간 선택하고 행동하고 관계를 맺으며 살아가는 삶에서 자신의 관점을 충분히 이해하는 것은 필요하다. 자신의 관점이 어느 지점에 있는지 혹은 어떤 지점과 더 가까운지 알면 나와 다른 관점을 가진 사람을 이해할 수 있기 때문이다. 최소한 '내가 맞다' 또는 '네가 틀리다'라고 쉽게 단정하는 실수는 줄일 수 있다. 사람마다 각자의 관점이 있고, 그들의 관점이 틀린 게 아니라 다를 뿐이라는 사실을 알기 때문이다.

변화는 관점을 바꾸는 것에서 시작된다

각자의 관점이 있다는 이해만으로 상대를 온전히 이해할 수는 없다. 서로 관점이 다르다는 것을 안다고 해서 내가 어떻게 해야 하고, 무엇을 해야 하는지 알 수 있는 것은 아니기 때문이다. 여전히 갈등의 여지는 남아 있다. 그래서 상대를 온전히 이해하고, 올바른 선택과 행동을 하기 위해서는 고정된 '나'라는 관점에서 벗어나 상황과 조건에 따라 다른 관점으로 바꿀 수 있어야 한다. 자신의 관점이 어디에 있는지 알고, 때에 따라 관점을 이동하는 것은 왜 중요할까? 그 이유를 세포와 인체 그리고 지구 생태계의 관점에서 한 번 살펴보자.

인체를 건강하게 유지하려면 세포 관점에서 인체를 이해하는 것이 중요하다. 하지만 인체라는 전체 관점에서 세포와 인체를 함께 이해하는 것도 매우 중요하다. 인체에서 세포들은 제 기능에 맞도록 특화된 모양을 하고 있다. 이것을 세포 관점에서만 보면, 세포마다 왜 모양이 다르고, 하는 일이 왜 다른지 이해하기 어려울 것이다. 다른 세포와 비교하면서 세포마다 자신이 좋아하는 모양과 하고 싶은 일만 고집할 것이다. 원하는 모양과 원하는 기능을 차지하려고 세포들은 끊임없이 경쟁할 것이고, 인체는 그러한 대혼란 속에서 조화와 균형을 잃게 될 것이다.

반면에 인체라는 전체 관점에서 보면, 모든 세포가 인체 안에서 각자의 모양에 맞는 기능과 역할을 하며, 인체에 없어서는 안 될 소중한 존재라는 사실을 알 수 있다. 따라서 모든 세포가 함께 생존하도록 전체의 조화와 균형을 유지하려 할 것이다. 이처럼 부분은 전체를 알 수 없지만, 전체의 관점에서는 부분을 알 수 있다. 전체에서 보면 문제가 생겨도 원인을 쉽게 파악할 수 있어 해결도 쉽다.

인체의 세포들이 모두 전체의 관점을 가지는지는 알 수 없다. 하지만 최소한 세포 개체적 관점에서 활동하지 않는다는 것은 분명하다. 이들은 더 큰 하나의 완전한 생명체인 인간으로서 존재하기 때문이다. 만약 전체를 무시하고 개체의 관점만을 고집하는 세포가 있다면, 그 세포는 인체에서 제거되거나 인체 시스템의 붕괴와 함께 자신도 존재하지 못할 것이다.

교사 시절, 필자가 수업에 사용하던 컴퓨터 바탕화면에는 세계 지도가 펼쳐져 있었다. 필자는 때때로 세계 지도를 보여주며 학생들에게 묻곤 했다.

"여기서 한국은 어디 있지?"

"저기요" 하고 학생들은 일제히 아시아 대륙 한 귀퉁이를 가리켰다.

그러면 나는 다시 물었다.

"부산은 어디 있지?"

학생들은 눈을 가늘게 뜨며 "조기요" 하며 손가락으로 가리켰다.

"그럼 이번엔 화명동을 찾아볼래?"

학생들은 한결같이 "안 보여요" 하며 웃었다.

나는 다시 물었다.

"그럼 나는 어디 있을까?"

"없어요!" 하고 대답하며 학생들은 놀랍다는 듯 나를 쳐다보았다.

필자는 다시 우주선을 타고 지구 밖으로 나가 은하계에서 지구를 보는 상상을 해보라고 했다. 지구조차도 없는 이곳에 나는 과연 존재한다고 할 수 있을까? 내가 보는 세상에서 나는 명백하게 세상의 중심으로 존재한다. 그러나 관점에 따라 나라는 존재는 물론 지구조차도 존재한다고 할 수 없다. 이처럼 우리가 보는 세상은 어디서 보느냐에 따라 완전히 달라진다. 내 안에서 나의 관점으로만 보는 세상(주관적인 세상)은 사람마다 다르다. 그것은 나를 벗어나 더 큰 의식에서 보는 세상(객관적인 세상)과는 하늘과 땅만큼이나 다르다.

어떤 관점이든 옳거나 틀렸다고 말할 수는 없다. 그러나 살아가는 데 어떤 관점으로 사느냐는 매우 중요하다. 관점이 달라지면 사실과 현상을 보는 해석과 생각과 행동이 달라진다. 관점에 따라 내 마음은 잔잔한 호수가 되기도 하고, 폭풍에 휩싸일 때도 있다. 관점의 차이는 인간관계에서 오해와 갈등의 원인이 되기도 한다, 하지만 중요한 것은 좋은 삶을 위해서는 분명 좋은 관점이 필요하다는 사실이다.

우리는 누구나 변하고 싶어 한다. 사람이 달라지기 위해서는 먼저 생각이 달라져야 한다. 생각의 전환이 필요하다. 그러려면 관점의 이동이 있어야 한다. 관점의 이동은 대상을 바라보는 시선의 이동이며, 나라는 존재의 이동을 의미한다. 관점이 같으면 같은 것밖에 볼 수 없다. 더 크고 넓게 전체를 볼 수 있는 곳(존재)으로 나를 이동시켜 보라. 최소한 방향이나 위치라도 바꾸어 보라. 그러면 생각이 달라질 것이다.

'관점 바꾸기'는 곧 '생각 바꾸기'다. '할 수 없다'는 생각에서 '할 수 있다'는 생각으로, 최소한 '해보기라도 하자'는 생각으로 바꾸어 보라. 할 수 없이 해야 하고, 죽지 못해 해야 하는 최악의 상황도 모두 지나가게 마련이다. 어차피 지나갈 일이라면 생각을 바꾸어 보라. 능동적이고 긍정적인 생각으로 바꾸어 보라. 그리고 그 결과를 보라. 필자는 그 결과로 '하니까 되는구나', '세상에 해서 안 되는 일은 없구나' 하는 것을 알게 되었다. 힘들다는 것도 생각일 뿐이고, 어떻게 생각하느냐에 따라 생각이 장애가 될 수도 있고, 힘이 될 수도 있다는 것을 알았다.

우리는 누구나 자신의 삶을 바꾸고 싶어 한다. 하지만 대부분은 자신의 삶을 바꾸지 못한다. 관점이 바뀌지 않기 때문이다. 삶을 바꾸려면 먼저 관점이 바뀌어야 하고, 좋은 삶을 살려면 좋은 관점을 가져야 한다. 그렇다면 좋은 관점이란 어떤 것일까? 당연히 좋은 삶을 만들어 갈 수 있는 관점이 좋은 관점이다. 만약 삶이 힘들다면 나를 둘러싼 주변과의 관계를 살펴볼 필요가 있다. 스트레스를 받고 있거나 힘들다고 느낀다면, 그들을 바라보는 나의 관점이 어디에 있는지 살펴봐야 한다.

앞에서도 말했듯이 사람은 누구나 자기만의 관점을 가지고 있고, 옳다고 믿는다. 같은 것을 보고 있지만, 각자 다르게 본다는 것을 온전히 인식하지 못한 채 자기 관점에서만 세상을 판단하며 산다. 타인이 나의 관점을 온전히 이해하지 못하듯, 나도 타인의 관점을 온전히 이해하지 못한다. 우리는 인류의 숫자만큼 무수히 많은 관점이 존재한다는 점을 미처 생각하지 못한다. 그 결과, 타인을 이해하지 못하고, 타인을 있는 그대로 인정하거나 수용하지도 못한다.

과거에 필자는 "저 사람 정말 이해할 수가 없어, 어떻게 저럴 수가 있어?"라는 말을 자주 했다. 이 말이 '나는 지금 나의 관점에서만 보고 있기 때문에 너를 결코 이해할 수 없어'라는 의미임을 알게 된 후 지금은 거의 사용하지 않는다. 이런 생각이 들면 즉시 나의 관점을 고집하고 있는 자신을 알아차린다. 내 삶이 고통스럽고 행복하지 못했던 이유가 고정된 '나'의 관점, 즉 주관적 관점에서만 상대를 대했기 때문임을 알기 때문이다.

과거에 가족이나 학생들을 바꾸려 하고, 가르치려 한 것도 나의 관점에서만 생각했기 때문이다. 내 경험과 기억을 바탕으로 한 '나'의 주관적 관점에서만 보다 보니 항상 내가 맞고, 나만 안다고 생각했다. 그렇다 보니 남편도, 아들도, 학생도 가르치려 들고, 그들을 바꾸려고 애를 썼다. 내가 착각하고 있다는 것을 모른 채 '내 말 좀 들어', '그러면 안 돼', '너 때문에 내가 얼마나 힘든지 알아?' 하며 상대를 탓하고, 힘들어 했다.

사람들은 나이 들수록 삶이 지루하고 재미가 없다고 말한다. 이유가 무엇일까? 이 물음에 맞는 답도 관점에 있다. 매 순간 삶은 변하지만, 우리는 그 변화를 보지 못한다. 자신의 경험과 기억에 따라 만들어진 '나'라는 고정된 관점으로만 삶을 대하기 때문이다. 우리는 자신만의 관점을 가지려 하고, 그 관점을 유지하려고 한다. 그러나 '나의 관점'만을 고집하는 한, 나는 물론 주변 사람들과의 관계에서도 갈등과 고통이 끊이지 않을 것이다. 그리고 삶은 지루하고 재미없고, 고통스럽고, 행복하지 못할 것이다. 우리가 관점을 바꿔야 하는 이유다. 그렇다면 행복해지기 위해 우리는 어떤 관점을 가져야 할까?

전체를 볼 수 있어야 한다

인체 생명활동의 중추가 뇌라면, 지구 생명활동의 중추는 인간이다. 지구의 주인이 인간이라는 뜻이다. 인간은 지구에 사는 300만 종의 생물과 그 생물을 둘러싼 무기환경적 요소들이 조화와 균형을 이루도록 해 지구를 안정된 상태로 유지시킬 책임이 있다. 지구의 주인으로서 생각하는 능력을 개인의 행복은 물론 지구의 건강과 발전을 위해 사용해야 한다. 주인은 전체를 봐야 한다. '인간이 어떻게 지구 전체를 볼 수 있는가?' 하고 의문을 가질지도 모르겠다. 그렇다. 인간의 눈으로는 지구 전체를 볼 수 없다. 우주선을 타고 우주로 나간다고 해도 지구의 단면과 겉모습만 볼 수 있을 뿐이다.

그러나 인간은 생각할 수가 있다. 생각은 모든 것을 가능하게 한다. 그것이 인간이 가진 생각의 힘이다. 전체인 우주의 관점에서 생각하고 행동하라는 말이다. 지구의 주인인 우리가 하지 않으면 누가 인류의 생존을 위하고, 지구의 안녕을 위하겠는가. 현대 사회에 나타나는 개인과 개인, 개인과 집단, 집단과 집단 간의 갈등은 모두 우리가 개체의 관점으로만 살기 때문에 생긴다. 지구의 주인으로서 우리의 관점을 전체인 지구적 관점으로 이동한다면 인류가 안고 있는 문제를 훨씬 쉽게 해결할 수 있을 것이다.

5. 어떤 관점으로 살 것인가?

"어제의 생각이 오늘의 당신을 만들고, 오늘의 생각이 내일의 당신을 만든다."
_블레즈 파스칼

이 말은 지금 내가 어떤 생각을 하는지가 얼마나 중요한지를 말하고 있다. 삶을 바꾸려면 지금 하는 생각을 바꿔야 한다. 지루하고, 재미없고, 고통스럽고, 행복하지 못하다고 느낄 때는 대부분 우리 삶과 현실에 문제가 있다고 생각하기 때문이다. 과연 무엇이 문제일까?

삶에는 결코 문제가 있을 수 없다

우리가 문제라고 하는 것은 대개 힘이 드는 일일 뿐이다. 우리는 어떤 일을 대할 때 힘들다거나 어렵다는 생각이나 느낌이 일어나면 벗어나거나 피하고 싶어 한다. 이것은 부정적 생각이나 느낌과 함께 일어나는 인간의 일차적인 반응이다. 그래서 그 일에서 벗어나거나 회피하기 위한 합리적인 핑계를 찾는다. 그래야 마음이 편하고 책임감에서도 벗어날 수 있기 때문이다.

그러나 애초부터 문제라는 것은 존재하지도 않았다. 단지 힘들거나 어려운 일을 회피하기 위해 내가 '문제'라고 생각했을 뿐이다. 생각이 '문제가 실재하는 것'으로 착각하게 만든 것이다.

석가는 "고통은 두 번째 화살의 여부에 있다"고 말했다. 그리고 스즈키 유는 그의 저서에서 "생물의 생존에 동반되는 근본적인 괴로움(첫 번째 화살)은 피할 수 없지만, 뇌가 다양한 생각을 만들어 부수적으로 일으키는 괴로움(두 번째 화살)이 바로 문제를 만들어 낸다"고 했다. 사실 삶에는 문제가 있을 수 없다. 단지 해결하기 '쉬운 일'과 '어려운 일'이 있을 뿐이다.

그러나 우리는 대부분 '힘들다', '어렵다'고 생각하는 순간, 문제라는 생각이 따라서 일어나고, 이어서 '하기 싫다', '못한다'는 생각과 함께 문제 해결을 포기하거나 회피하게 된다. 인간의 이러한 '회피반응'은 '무섭다', '두렵다'는 부정적 감정에 따라 일어나는 행동 패턴이다. 원시시대부터 위험에서 살아남기 위해 만들어져서 유전자라는 형태로 프로그램화한 습관이다.

이제 그러한 관점을 바꾸고, 생각을 바꿔야 한다. 문제라고 생각하거나 못할 것이라는 부정적 생각을 긍정적인 생각으로 바꿔야 한다. 정면으로 맞서 해결해야 할 당면 과제로 받아들여야 한다. 우리는 두려워하는 자신을 알아차리고, 무엇을 두려워하는지 탐색함으로써 부정적인 생각과 감정에서 벗어날 수 있다. 혼자 해낼 수 없다면 누군가에게 도움을 요청하고, 문제 해결을 위해 능력이 필요하다면 능력을 갖추려고 노력할 수 있다. 우리는 긍정적인 생각으로 긍정적인 감정을 만들고 의욕과 욕구가 일어나도록 할 수 있다. 포기는 실행해보고 나서 마지막에 해도 늦지 않다. 원하는 결과를 얻지 못한다 해도 절대 손해가 아니다. 노력한 만큼 성장하기 때문이다.

문제가 아니라 기회다

문제는 회피 대상이 아니라 해결 대상이다. 회피하는 것으로는 문제를 풀 수 없고, 풀리지도 않는다. 학교 다닐 때 공부를 해본 사람이라면 누구나 알 것이다. 어려운 문제일수록 해결했을 때의 기쁨이 크다는 것을. 한 문제를 풀어야 다음 단계의 문제를 풀 수 있다는 것을. 문제를 해결하지 않고서는 다음 단계로 갈 수 없다는 것을.

회피하면 성장이나 발전은 없다. 발전하는 사람은 문제를 문제로 보는 것이 아니라 극복해야 할 과정으로 본다. 성장을 위한 기회로 생각하며, 오히려 기뻐하고 감사한다. 불평하고 회피하는 사람은 그것이 성장의 기회라는 것을 모르거나 성장하기를 원치 않는 사람이다. 문제가 자신의 성장을 위한 기회임을 아는 사람은 힘들어도 감사와 기쁨을 잊지 않는다. 누군가가 '슬픈 행복'이라고 표현하는 것을 들은 적이 있다. 나는 이것을 '힘든 기쁨', '힘든 감사'라고 표현하고 싶다.

지금 당신은 어떤 생각을 하고 있는가? 당신의 삶을 바꾸고 싶다면, 삶에는 결코 문제가 없고 그것이 나의 성장과 발전을 위한 기회임을 기억해야 한다. 앞에서 말한 붓다의 말에서 알 수 있듯, 지금 내가 하는 생각이 나의 삶을 만든다는 사실도 잊지 않았으면 한다.

우리는 누구나 행복한 삶을 원한다. 행복하게 살기 위해 지금 우리는 어떤 생각을 해야 할까? 행복해지는 생각을 해야 한다. 생각은 관점에 따라 달라진다. 관점을 바꾸면 생각은 절로 달라진다. 그렇다면 우리는 어떤 관점으로 살아야 행복할까? 그것은 고통에서 벗어나는 관점, 행복하게 사는 관점이어야 한다. 그리고 인류가 함께 행복할 수 있는 관점이어야 한다. 이를 위해 다음과 같이 관점을 바꾸면 어떨까?

① '안다'에서 '모른다'는 관점으로

"나는 단 한 가지 사실만은 분명히 알고 있는데, 그것은 내가 아무것도 알지 못한다는 것이다." _ 소크라테스

"모르는 것을 모른다고 하는 것은 곧 아는 것이다." _ 논어

아는 것과 모르는 것을 언급한 의미 있는 말이다. 부처님은 사람이 행복하지 못하고 고통스러운 것은 무지 때문이며, 고통의 원인이 무엇인지 알면 고통에서 벗어날 수 있다고 하셨다. 모를 때는 어려워서 해결할 수 없을 것 같던 문제도 해결하고 나면 그렇게 쉬울 수 없고, 아무런 문제가 되지 않았던 경험이 누구에게나 있을 것이다. 그렇다. 두려움과 걱정과 염려하는 마음은 우리가 모를 때 생긴다. 어떻게 될지 몰라 두렵고, 잘못될까 걱정되

고, 원하는 것이 이루어지지 않을까 염려될 때 그것이 고통이다.

어떻게 될지 알거나, 잘못되지 않을 것을 알거나, 원하는 것이 안 될 수도 있다는 것을 안다면 어떤 것도 문제가 되지 않는다. 고통도 없을 것이다. 죽음이 두려운 것도 죽으면 어떻게 될지 모르기 때문이다. 죽어서 천당에 간다는 확신이 있다면 죽음을 두려워할 사람은 아무도 없다. 모든 고통이 무지에서 기인한다는 부처님의 말씀이 비로소 이해된다.

우리가 고통에서 벗어나기 위해서는 먼저 무지에서 깨어나야 한다. 바로 알아야 한다. 알기 위해서는 "무지를 아는 것이 곧 앎의 시작"이라는 소크라테스의 말처럼, '모른다'는 것을 인정하는 것에서 출발해야 한다. 과학자들의 말에 따르면, 세상에서 인간이 알 수 있는 영역(명재계)은 전체의 5퍼센트에도 미치지 못한다고 한다. 95퍼센트 이상이 인간이 모르는 영역(암재계)인 셈이다. 모른다는 것조차도 모르는 것이다. 삶을 바꾸기 위해서는 이 세상을 더 많이 알고 이해할 필요가 있다. 나와 세상은 분리될 수 없기 때문이다. 그렇다면 인간이 인식하지 못하고, 모른다는 것조차도 모르는 95퍼센트의 영역을 우리는 어떻게 알 수 있을까?

우리는 매번 새로운 것을 경험하면서 살아간다. 아이 적에는 처음 접하는 것들에 호기심이 생겨 알고 싶어 했다. 그러나 자라면서 호기심은 사라지고 어른이 될수록 새로운 것을 알려고 하기보다는, 추측하고 판단하기 바쁘다. 최소한 필자는 그랬다. 전혀 새로운 것조차 내가 아는 것으로 추측하고 판단하기 바빴다. 다른 사람의 충고나 조언보다 내가 아는 것을 믿고, 나를 고집했다. 새로운 것을 아는 데 필요한 것은 추측이나 판단이 아니라 수용이라는 것을 깨닫지 못했다. 필자의 경우를 돌아보면 모른다는 것을 인정하지 않을 때, 즉 '안다'고 생각할 때 추측하고 판단한다는 것을 알았다 물론 이때 '안다'는 생각은 무의식에 잠재되어 있으므로 처음에는 알아차리지 못했다.

수용은 대상을 나의 일부로 받아들이는 것이다. 따라서 수용하면 전체를 볼 수 있지만, 추측이나 판단은 대상과 나를 차단해 버린다. 사람들은 관찰되어지지 않는 것, 감각되어지지 않는 것에 대해서는 무관심하거나 존재 자체를 무시하는 경향이 있다. 이러한 경향은 지극히 물질적인 것들에 관심을 집중하는 과학자들이 더욱 심할지도 모른다. 그럼에도 불구하고 일부 과학자들은 끊임없이 호기심을 가지고 주변에 관심을 가져왔다. 그 결과, 새로운 사실을 발견하고 관찰되지 않았던 것들을 관찰의 영역으로 가져옴으로써 인류가 무지에서 깨어나는 데 지대한 공헌을 했다.

여기서 간과하기 쉬운 사실이 있다. 과학자들이 새롭게 발견한 것들은 단지 인간의 인식 범위 안에 있지 않았을 뿐, 이미 존재하고 있었다는 사실이다. '새로운 발견'은 말 그대로 새롭게 발견하였을 뿐이다. 과학의 발달로 인간의 인식 가능 범위가 넓어져 지금까지 보지 못한 것을 보고, 듣지 못한 것을 듣게 되면서 모르던 사실을 알게 되었을 뿐이다. 그 과정에서 현미경, 망원경, 엑스레이를 비롯한 많은 기기의 발명이 우리의 인식 범위를 넓혀 주었다.

존재하지 않는 것은 발견될 수 없다. 새로운 발견은 지금까지 우리가 인식하지 못한 것을 비로소 인식한 것일 뿐이다. 우리가 모르는 것이 95퍼센트라고 하지 않는가? 따라서 새로운 것을 대할 때는 모른다는 사실을 인정해야 추측과 판단이 아닌, 호기심을 가지고 수용할 수 있다.

우리는 새로운 것, 미지의 것은 물론 이미 알고 있는 것조차 '모른다'고 생각할 때, 비로소 그것에 대해 열린 마음이 된다. 열린 마음이야말로 무지에서 깨어나기 위해 필요한 가장 중요한 마음 자세다. 돌이켜 보니 내가 마음을 닫은 것도 바로 '안다'는 생각 때문이었다. 어른이 되면서 필자는 '나는 안다', '나도 할 수 있다'는 생각을 많이 했던 것 같다. 내가 더 많이 경험하고 배웠다는 생각으로, 너희들이 경험하지 못한 것을 나는 직접 체험했다는 생각으로, 다른 건 몰라도 그것만은 내가 더 잘 알고, 더 많이 안다고 철썩 같이 믿었다.

'나는 안다'라는 생각이 세상을 살아갈 때 용기와 자신감을 준 것은 분명한 사실이다. 그러나 지금 생각해 보면 '나는 안다'

는 생각으로 주변 사람, 특히 가족과 학생들에게 나의 생각을 강요하며 얼마나 힘들게 했던가? 그런 나의 생각이 성장과 배움을 얼마나 가로막고 있었던가? '안다'고 생각하는 순간, 나는 교만과 자만심으로 더는 알려고 하지 않았다. 매 순간이 배움의 연속인 삶의 현장에서 '안다'는 생각에 갇혀 배움의 순간들을 놓쳤을 것을 생각하면 안타까움과 부끄러움에 고개가 숙여진다. 하지만 다시는 그런 어리석음에 빠지지 않겠다는 생각은 나를 더욱 깨어 있게 한다.

나는 내가 경험한 것과 아는 것이 진리라고 여기며 그것으로 판단하고 재단하며 살았던 것 같다. 내가 아는 것과 다르거나 모르는 것에는 관심을 두지 않았고 무시하기 일쑤였다. 어찌 보면 먼지만큼도 안 되는 '내가 아는 것'에 자신을 가두어 버린 셈이었다. "아는 것이 힘이다"라는 철학자 베이컨의 말처럼, 올바른 지식은 살아가는 데 매우 유용하고 필요한 도구다. 유용한 도구에는 반드시 사용설명서가 있다. 바르게 사용하지 않으면 오히려 해가 되기 때문이다. 그래서 끊임없이 배우려는 자세가 필요한 것이다. 인생에서 선배와 스승이 필요한 이유이기도 하다.

"돌다리도 두드리고 건넌다", "꺼진 불도 다시 보자"는 말처럼 아는 것도 한 번 더 확인하는 마음이 필요하다. '안다'는 생각을 하면 새로운 것도 이미 아는 것이 되어 버린다. 그래서 새로운 생각이나 행동이 나오지 않는다. '모른다'고 생각할 때, 우리는 새로운 시도를 하게 된다. "무지를 아는 것이 곧 앎의 시작"이라는 소크라테스의 말처럼, 내가 아는 것이 틀릴지도 모른다는 마음을 가질 때 확장된 앎 속에서 생각과 삶이 달라질 수 있다.

생각해 보라. 우주에서 인간이 아는 것은 5퍼센트도 안 된다고 하니 95퍼센트 이상은 인식되지 않는 것이 아닌가? 이 순간에도 우주는 변하고 있지만, 우리는 그것을 인식하지 못한다. 또한 동물은 인식하지만, 인간은 인식하지 못하는 것이 얼마나 많은가? 변화에 지나치게 민감한 것도 지나친 에너지 소모를 초래한다는 측면에서 생존에 유익하지 않지만, 둔해서 알지 못하고 무지한 것도 생물의 생존과 진화라는 측면에서 바람직한 현상은 아니다. "10년이면 강산도 변한다"는 말이 있다. 강산은 매 순간 변하고 있건만, 사람은 10년이 되어서야 겨우 변화를 알아차린다는 뜻도 된다. 그만큼 사람은 변화에 민감하지 못하다는 의미다. 인식의 한계를 분명하게 드러내는 말이 아닌가 싶다.

인식되지 않는다는 이유만으로 이 세상에서 무시되는 것들은 얼마나 많은가? 그래서 의식하지 못하는 가운데 범하는 오류들은 또 얼마나 많은가? 이제 우리는 인류와 전체 생태계를 위해 인간이 가진 능력을 더욱 확장해야 한다. 우리가 '안다'고 생각해 5퍼센트도 안 되는 앎의 영역에 갇혀서 95퍼센트 이상을 알지 못한다면 그것보다 어리석고 안타까운 일이 또 있을까? '안다'는 관점에서 '모른다'는 관점으로 바꿀 때, 마음을 열고 새로운 것을 받아들이고 시도할 수 있지 않을까? 새로운 시도는 모르던 것을 알게 해준다. 의식이 확장되고 성장하여 새로운 삶으로 나아가게 해준다. 우리에게 필요한 유일한 앎은 '모른다'는 사실을 아는 것이 아닐까 싶다.

② 개체 관점에서 전체 관점으로

우리는 우주를 알 수 없다. 지구조차도 평생을 여행하고 연구해도 알지 못할 것이다. 그렇다면 지구에서 일어나는 문제를 어떻게 해결할 수 있을까? 우리가 살면서 생기는 문제는 개인의 관점에서는 해결할 수 없지만, 우리가 속해 있는 전체의 관섬에서 보면 쉽고 간단하다. 사실 전체의 관점에서 보면 애초부터 문제라는 것은 없다. 모든 것은 필요해서 존재하고, 일어나기 때문이다. 필요하지 않다거나 왜 필요한지 모르겠다는 것은 개체적 관점에서 할 수 있는 말이다. 그렇다고 해서 항상 전체의 관점으로만 살고, 개체의 관점을 무시하라는 것은 아니다. 우리는 개체로서 살아야 한다. 그러나 개체의 관점으로만 살면 인간 사회에 어떤 문제를 일으키는지 이미 보았고, 충분히 경험했다.

전체와 개체는 절대 분리될 수 없다. 개체 관점에서는 전체를 볼 수 없지만, 전체 관점에서는 개체와 전체를 모두 볼 수 있다. 개체는 전체가 될 수 없다. 그러나 인간은 개체지만 전체 관점에서 생각할 수가 있다. 전체 관점에서 생각하면 모든 개체의 관점을 이해할 수가 있다. 개체를 무시하는 것이 아니라 모두 소중하게 여기고 존중하게 된다. 전체의식을 가지면 모든 개체의 입장을 고려해 더욱 현명하고 지혜로운 판단을 할 수 있고, 우리의 생각하는 능력도 제대로 발휘할 수 있다.

생물학적으로도 '나'라는 개체가 독립적으로 존재할 수 없다는 점을 여러 번 언급했다. 세상과 나는 하나다. 내가 독립적으로 살아 움직이는 것이 아니라, 내가 속한 세상이 활동하고 있는 것이다. 내 주변에서 일어나는 변화는 전체에서 일어나고 있는 현상의 아주 일부분일 뿐이다.

그러나 우리는 내가 지구의 일부라는 사실을 잊은 채 분리된 내가 존재한다고 착각한다. '나'를 분리된 개체 자아가 아닌, 지구와 하나인 존재로 인정할 때, '나의 관점'은 개체를 벗어나 전체로 이동해 전체의 관점에서 생각하게 된다. 전체의 관점에서 보면 삶은 결코 지겹거나 따분할 수 없다. 매 순간 모든 것이 새롭다. 그러면 우리는 두려움과 걱정 대신 관심과 호기심으로 매 순간을 신나고 활기차며 새롭게 살게 될 것이다. 다른 사람과의 관계도 힘들지 않게 될 것이다. 상대를 이해하고, 인정하며, 존중하고, 상대에게 감사하는 삶이 되기 때문이다.

③ 고정된 관점에서 변화하는 관점으로

어릴 때부터 우리는 온갖 이야기를 들으며 자라왔다. 모두 세상에 관한 이야기였다. 이처럼 인간은 끊임없이 이야기 만드는 것을 좋아한다. 생각하는 동물이기 때문이다. 끊임없이 변하는 만큼 이야기도 끊임없이 생겨나고 사라졌다. 자연현상을 보는 과학자들의 수많은 이론도 그런 이야기들 중 하나다. 세상이 존재하고 인간이 존재하는 한 이야기는 끊이지 않을 것이다. 그것이 세상과 인간이 존재하는 방식인 듯하다. 세상과 관련한 이야기는 얼마든지 만들어지고, 사라질 수 있다. 이야기는 인간의 생각으로 만들어지기 때문이다.

하지만 이제 이야기는 달라져야 한다. 세상에 관한 이야기도 고정되어서는 안 된다. 끊임없이 새로운 이야기가 생겨나야 한다. 세상이 끊임없이 변하기 때문이다. 그런데 우리는 정작 하나의 이야기에 집착한다. 수백 년 전 이야기를 지금의 이야기처럼 하고 있다. 누군가의 이야기를 나의 이야기처럼 생각한다. 이야기는 그저 이야기일 뿐이다. 누군가가 자신의 조건과 상황에서 만든 이야기를 나의 이야기로 받아들일 필요는 없다.

그렇다고 해서 그것들을 완전히 무시하라는 뜻이 아니다. 충분히 듣고 즐길 수 있으면 즐기고, 유용하게 사용할 수 있다면 그렇게 사용하면 된다. 단지 100퍼센트 옳다거나 100퍼센트 틀렸다고 단정하지 말고, 모든 가능성을 열어두고 생각하라는 말이다. 학교에서 배운 것, 백과사전에서 읽은 것, 유명한 과학자가 발견한 것, 역사 속 뛰어난 성현들이 하신 말씀은 모두 훌륭하다.

믿을 만하고 따를 만한 가치도 충분히 있다. 그렇다고 해도 맹신은 하지 말자. 그들의 말이나 지식이 모든 상황에 적용된다는 강한 믿음이 오히려 갈등과 고통의 원인이 되기 때문이다.

세상은 쉬지 않고 변한다. 이 순간에도 변하고 있다. 사람들은 각기 주관적인 세상에서 자기가 만든 세상에 관해 끊임없이 생각하면서 이야기를 만든다. 사람들은 실재하는 세상을 말한다고 생각하지만, 사실은 자기의 생각을 말하고 있을 뿐이다. 사람들은 그것이 사실이라고 착각하고, 다른 사람들이 알아듣지 못하면 답답해 하면서 타인에게 자기 생각을 강요하기도 한다. 모든 이야기에는 자신만의 관점이 담겨 있다. 그래서 이야기를 대할 때는 사실과 함께 이야기의 관점을 살피는 혜안이 필요하다. 지나치게 편향된 이야기들이 난무할수록 이야기와 더불어 이야기가 만들어지는 관점을 알아차리는 지혜가 필요하다.

세상은 살아 있다. 살아 있기에 끊임없이 변한다. 변하는 것은 살아 있음의 표현이다. 음식을 소화하고, 심장이 뛰고, 배설하고, 오늘 먹은 음식으로 설사를 하고 복통을 느끼는 것도 살아 있다는 표현이다. 심각한 질병이나 말기암세포에 의해 온 몸이 고통스럽다고 느끼는 것도 모두 살아 있다는 표현이다. 고통이 없거나, 있어도 느낄 수 없다면 어찌 살아 있다고 할 것인가? 사체에서는 이런 현상이 나타나지 않는다. 죽었기 때문이다. 물론 지구 전체에서 보면 이 또한 물질의 변화과정이라는 점에서 지구가 살아 있다는 표현이다.

"고인 물은 썩지만 흐르는 물은 썩지 않는다"는 말이 있다. 우리의 관점이 고정된 '명사형'일 때 삶은 고통스럽고 힘들다. 끊임없이 변하는 세상을 하나의 고정된 관점으로 해석하고 판단하는 것이 갈등과 고통의 원인일 수 있다. 이제 우리는 매 순간이 변한다는 '진행형'으로 관점을 바꿔야 한다. 매 순간이 진행 중인 과정임을 안다면 일희일비할 필요가 없다. 이 순간도 변하고 있고 새로워지고 있다는 것을 자각한다면, 우리는 매 순간 모든 것을 새로운 관점으로 보게 될 것이다. 매 순간 새로운 것을 보면서 지겨워하거나 실망할 사람은 없다. 오히려 신기하고 호기심에 찬 눈으로 관심을 보이게 마련이다. 관심을 가지고 보면 새로운 것을 발견하고, 발견하는 기쁨을 얻을 수 있다. 매 순간 모든 것에서 기쁨을 얻을 수 있는 이유다.

③ 집단 무의식에서 벗어난 관점으로

"가랑비에 옷 젖는다"는 말이 있다. 우리는 태어나면서부터 특정 집단의 생각, 가치, 문화 속에서 살게 된다. 그렇다 보니 성장하면서 집단의 생각, 가치, 문화는 은연중에 나의 생각, 가치, 문화가 되었다. 그로 인해 사람마다 개인차는 있지만, 특정 집단 사람들은 공통의 사고방식과 생활양식을 가진다.

태어나면서부터 우리에게는 부모, 사회, 학교에서 가정, 사회,

국가라는 집단 공통의 생각이 주입된다. 그것은 집단 내 구성원 사이의 갈등을 최소화하기 위해 오랜 기간에 걸쳐 형성된 집단 구성원들의 공통된 생각 또는 무의식적인 약속이다. 이러한 집단 무의식은 보통 인류 전체 또는 국가나 지역 사회의 문화와 생활양식의 형태로 나타난다. 이러한 집단 무의식, 즉 집단의 공통된 생각이 대립할 때 전쟁이나 갈등으로 이어진 사례를 우리는 역사에서 무수히 찾아볼 수 있다

오늘날 과학과 문화의 초인류적 발달은 집단 간, 국가 간의 경계를 무너뜨려 인류를 하나로 만들고 있다. 특정 집단 내에서만 옳다고 믿는 생각의 거짓과 착각이 모습을 드러내고, 진실의 시대가 열리고 있다. 우리 삶도 개인의 관점이나 특정 집단의 관점만으로는 해결되지 않는 문제들과 부딪히고 있다. 이제 개인과 특정 집단을 벗어나 인류 전체의 관점이 필요한 때다.

10장

어떻게 살 것인가?

1. 운명은 내가 만드는 것이다

오늘날 우리는 지구 오염과 같은 심각한 환경문제에 직면해 있다. 개체적 입장에서는 절대 이해할 수 없는 일들이 지구 곳곳에서 일어나고 있다. 코로나 바이러스의 대유행으로 수많은 사람이 죽거나 고통을 경험했다. 사람들은 이구동성으로 어떻게 이런 일들이 일어날 수 있느냐고 했지만 실제로 일어났다. 그렇다면 이런 일들이 왜 일어났을까? 과연 일어날 수 없는 일, 일어나서는 안 될 일들이 일어난 것일까?

우리 몸에서도 이와 같은 일들이 일어난다. 사고나 수술로 신체 일부를 잃기도 하고, 크고 작은 상처로 수많은 세포와 조직이 죽거나 사라지는 일을 많은 사람들이 경험한다. 이런 경우 세포나 조직 입장에서는 부당하게 느껴지거나 이해되지 않을 수 있다. 조금 전까지만 해도 함께 있던 세포들이 죽거나 사라질 때, 세포가 만약 말을 할 수 있다면 "하늘도 무심하시지. 도대체 우리에게 왜 이런 일이 일어나는 거야?" 하고 말하지 않을까?

그러나 인체 입장에서 보면 전체의 균형과 조화를 유지하기 위한 어쩔 수 없는 선택이거나 당연한 일일 수 있다. 전체의 생존이 우선이기 때문이다. 반면에 세포들은 각각 다른 부위에서 다른 일을 하고 있지만, 자신이 어떻게 살아 있으며, 눈앞의 현실이 왜 일어나는지 알 수 없다. 우리도 마찬가지다. 오직 내가 알 수 있는 것은 이 순간에 내가 무엇을 하고 있으며, 무엇을 할 수 있는가일 뿐이다.

인체와 세포를 이해할수록 필자는 내 눈앞에서 무슨 일이 일어나는지, 왜 일어나는지 질문하기보다 살아 있음에 감사하게 된다. 무슨 일이 펼쳐지든 그것은 지금 내가 살아 있기에 일어날 수 있기 때문이다. 지금 이 순간도 전체에 의해 살려지고 있다는 사실을 자각함으로써 그 이후에 일어나는 의문이나 부정적인 생각들에 휘말리지 않게 된다. 그래서 더 편안한 마음으로 이 순간 해야 할 일에 더욱 집중하게 되는 것 같다.

만약 세포가 다른 세포와 비교하면서 불평불만만 한다면 그 세포는 전체에 의해 제거되거나 자연 도태될 것이다. 그렇지 않으면 그 세포는 물론 인체 전체가 존재할 수 없기 때문이다. 인체에서 일어나는 모든 현상은 인체의 안과 밖 모든 요인들이 상호작용하면서 일어나는 생명활동 현상이다. 우리는 이해할 수 없고 받아들이기 어려운 일들을 경험하기도 하고, 목격하기도 한다. 이제 이런 일들을 지구라는 더 큰 생명체의 관점에서 생각해 보면 어떨까?

태양은 착한 사람, 나쁜 사람, 부자, 거지를 구분하지 않고 햇빛을 내려준다. 태풍과 홍수 같은 자연재해도 사람을 가리지 않는다. 자연은 차별이 없다. 단지 인과응보(因果應報)라는 말처럼 모든 일에 원인과 결과가 있을 뿐이다. "이 또한 지나가리라"라는 유명한 말처럼 세상 모든 일은 변하기 마련이지만, 변화 속에는 원인과 결과가 있다.

인체 안에서 일어나는 일은 어떤 현상이든 조건이 되지 않으면 일어나지 않는다. 그 상황과 조건은 누가 만들까? 인체를 구성하는 성분과 요인이 만든다. 그런 점에서 본다면 가정, 사회, 국가, 지구에서 일어나는 모든 일의 근본 원인은 구성원들에게 있다고 할 수 있다. 구성원 사이의 생각과 행동이 보이게 혹은 보이지 않게 서로 상호작용하여 일어나는 필연적 현상인 것이다.

우리는 살면서 가슴 아픈 대참사를 많이 목격한다. 이런 일들이 가슴 아픈 일로만 끝나서는 안 된다. 희생자들의 희생이 헛되지 않도록 참사의 원인을 밝히고, 또 다른 참사가 일어나지 않도록 힘써야 한다. 누군가를 탓하고 원망하기보다는 구성원들 모두가 책임의식을 느끼는 것이 중요하다. 각자 책임과 의무를 다하는 것은 물론, 구성원 간에 올바른 상호작용(소통과 협력)이 얼마나 중요한지 깊이 새기는 기회가 되어야 한다. 이것이 자연재해나 대참사가 우리에게 주는 메시지가 아닐까?

새로운 생각이 새로운 삶을 만든다

'현재 우리의 모습은 과거에 우리가 했던 생각의 결과다.'_ 붓다

붓다는 "지금 내가 하는 생각이 나의 미래를 만든다"고 말했다. 매 순간 내가 어떤 생각을 하고, 어떤 말과 행동을 하느냐가 운명을 결정한다는 뜻이다. 운명은 인과법칙에 따라 매 순간 선택하는 생각, 말, 행동이 원인이 되어 나타난 결과라는 것이다. 〈그림23〉은 필자가 붓다의 말과 인과법칙을 근거로 삶이 이루어지는 원리를 도식화해 본 것이다.

〈그림23〉에서 보듯이 현실은 과거에 한 생각, 말, 행동의 결과로 일어난 필연적 현상이며, 비가역적이다. 돌이킬 수 없는 일은 있는 그대로 수용하는 것이 최선이다. 생존을 위해 사용해야 할 에너지를 돌이킬 수 없는 일에 대해 불평하고 시비하는 데 낭비하는 것은 어리석은 일이다. 현실을 있는 그대로 수용하라고 해서 아무것도 하지 말라거나 할 수 없다는 말이 아니다. 현실에 저항하기보다 먼저 인정하고 허용하라는 말이다. 현실을 있는 그대로 수용할 때, 전체 상황을 바르게 보고 판단하므로,

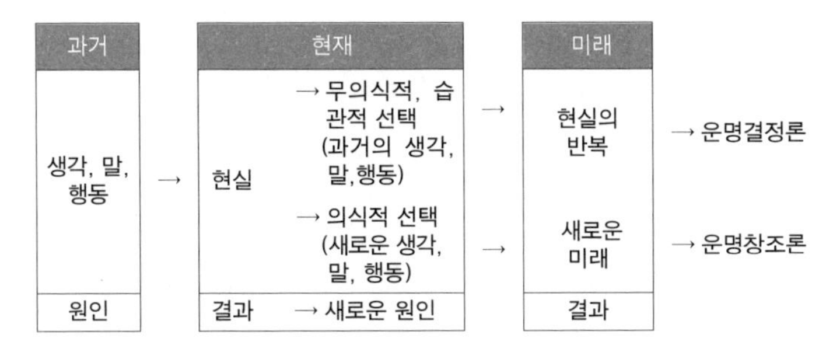

〈그림23〉 인과법칙에 따른 운명결정론과 운명창조론

1. 과거 생각, 말, 행동이 원인이 되어 결과로 나타난 것이 현실이다. 이 현실을 바탕으로 이 순간 어떤 선택을 하느냐에 따라 그것이 새로운 원인이 되어 미래가 결정된다.
2. 지금 나에게 일어나는 모든 일(현실)은 인과법칙에 의한 결과이므로 돌이키거나 바꾸지 못한다.
3. 매 순간 경험하는 현실에서 내가 어떤 선택을 하느냐에 따라 미래가 결정된다. 무의식적(습관적)인 선택(과거의 생각, 말, 행동)은 현실을 반복하게 한다. 그러나 의식적으로 원하는 선택(새로운 생각, 말, 행동)을 하면 내가 원하는 새로운 미래를 만들 수 있다.

그 속에서 내가 할 일이 무엇인지 알고, 바른 선택을 할 수 있기 때문이다.

우리는 매 순간 의식적 또는 무의식적으로 선택을 한다. 그러나 원하는 것을 의식하면서 선택하기보다는 자신도 모르게 습관적으로(무의식적으로) 선택하는 경우가 대부분이다. 자신도 모르게 또는 습관적으로 선택하는 것도 알고 보면 깊은 내면에 잠재하는 생각에 의한 것이지만, 우리는 그것을 미처 알아차리지 못한다. 정신 차렸을 때는 이미 상황은 되돌릴 수 없다. 그때 자신을 탓하며 후회하거나 남을 탓하며 누군가를 원망해봤자 상황만 더욱 나쁘게 만들 뿐이다.

내가 습관적으로, 의식하지 못하는 가운데 과거에 한 것과 똑같은 선택(생각, 말, 행동)을 반복한다면 미래는 현재와 같은 결과가 반복되어 나타날 것이다. 당연히 삶은 다람쥐 쳇바퀴 돌 듯 과거를 되풀이하며 지겹고 따분할 수밖에 없다. 선택은 이 순간에만 할 수 있고, 누구도 아닌 나만이 할 수 있다. 매 순간 내가 선택한 말이나 행동은 내 생각에서 비롯된다. 무의식적(습관적)으로 하는 말과 행동도 내가 미처 의식하지 못했을 뿐, 무의식에 잠재된 생각에서 나온다. 따라서 매 순간 내 안에서 일어나는 생각을 알아차리고 생각을 바꾸지 않는 한 미래(운명)는 지금의 현실이 반복되어 나타날 수밖에 없다.

사람들은 운명이 자신의 의지와는 상관없이 정해져 있다고 생각한다. 하지만 자신의 삶에서 나타나는 현상은 모두 스스로 선택한 결과다. 단지 자신 안에서 일어나는 생각을 미처 알아차리지 못하고, 의식하지 못한 가운데 선택했을 뿐이다. 그래서 운명이 결정되어 있다고 착각하는 것이다. 그러나 실상 운명은 결코 결정되어 있지 않다. 운명은 매 순간 자신이 선택한다. 그러므로 매 순간 깨어 있어야 한다. 정신 차려야 한다. 자신도 모르게 잠재된 생각에 의해 습관적으로 말하거나 행동하지 말고, 생각을 알아차리고 생각의 선택 여부를 스스로 결정해야 한다. 원하는 삶이 무엇인지 생각하면서 의식적으로 말하고 행동할 때, 우리는 원하는 삶을 만들어 갈 수 있다.

뇌에는 유전적으로 또는 성장 과정에서 만들어진 자동 프로그램이 있다. 별도의 지시를 하지 않는 한 몸은 프로그램에 따라 움직인다. 내가 정신을 차리지 않으면 프로그램은 자동으로 작동되어 마치 몸의 주인인 양 행세한다. 많은 성인들이 "늘 깨어 있으라"고 한 것도 매 순간 정신 차리지 않으면 이 프로그램에 따라 자신이 원하지 않는 삶이 창조되고, 그 속에서 힘들어 하게 된다는 점을 일깨워주기 위함이다.

매 순간 내가 하는 생각이 나의 삶을 만든다. 그 생각을 알아차리지 못한다면 운명결정론을 믿으며 소극적이고 수동적인 삶을 살 수밖에 없다. 하지만 그 생각을 알아차리면 우리는 원하는 삶을 창조할 수 있다. 내가 원하는 삶을 스스로 창조할 수 있다니 이 얼마나 희망적이고 기쁜 소식인가? 지금 당신은 어떤 인생을 설계하고 있는가? 당신이 설계한 인생을 창조하기 위해 지금 어떤 생각을 하고 있는가? 지금 이 순간 당신은 깨어 있는가?

생각이 현실을 창조한다

"좋은 일도 나쁜 일도 당신 생각이 그렇게 만드는 것이다."_ 세익스피어

우리는 끊임없이 생각으로 이야기를 만든다. 그렇다. 사람들은 끊임없이 생각한다. 생각 속에 빠져 있다. 아들과 대화를 할

때, 친구들과 이야기를 할 때, 강의를 들을 때, 밥을 먹을 때, 길을 걸을 때, 운전할 때도 쉬지 않고 생각한다. 당신은 그런 자신을 알아차린 적이 있는가? 우리는 매 순간 어떤 형태로든 행동을 한다. 말을 하거나 누워 있거나 앉아 있거나 음악을 듣거나 차를 마시거나 독서를 한다. 이러한 행위는 자신이 알아차리든 못 알아차리든 모두 생각에서 비롯된다. 이것들은 경로는 다르지만, 대부분 대뇌의 생각 작용을 거쳐서 일어나는 반응(행위)이다.

우리가 하는 많은 반응(생각, 말, 행동, 감정)들은 무의식적이다. 의지와는 상관없이 생각이 일어나고, 말하고, 행동하는 것처럼 여길 때가 많다. 그렇다 보니 생각을 자신이 어떻게 할 수 없는 것처럼 여길 때가 많다. 그래서일까? 생각은 통제 밖의 일이고, 운명은 결정되어 있다고 믿는 경향이 있다. 그러나 말과 행동, 느낌과 감정은 모두 생각과 관련되어 있다. 생각을 알아차리지 못하기 때문에 그런 반응들을 어쩔 수 없다고 여긴다. 그래서 운명이라고 생각한다.

거듭 말하지만 우리는 매 순간 의식적 또는 무의식적으로 선택을 한다. 매 순간 마주하는 현실은 과거에 내가 선택한 생각, 말, 행동이 원인이 되어 나타난 결과다. 그런데 매 순간 내가 하는 선택을 관찰하면 대부분 경험이나 지식에 의해 제한적으로 이루어진다는 것을 알 수 있다. 과거에 했던 생각이 과거와 같은 행위를 하게 하고, 과거와 같은 결과를 가져옴으로써 같은 경험을 반복한다. 같은 경험은 같은 느낌을 만들고, 같은 느낌은 다시 같은 생각을 일으켜 과거와 같은 현실을 반복적으로 만들어 낸다. 동일한 현실에 동일한 경험은 다시 동일한 느낌과 동일한 생각을 반복적으로 일으키고, 반복적인 생각은 믿음으로, 믿음은 다시 시간이 지나면서 변하지 않는 가치관이 되어 삶의 모든 면에 영향을 미친다.

매 순간 마주하는 현실은 이렇게 자신의 잠재의식 속에 있는 생각에 의해 창조된 것이다. 과거와 동일하게 반복되는 삶이 마치 운명처럼 보일지도 모르지만, 이는 모두 자신의 잠재된 생각에 의해 창조되고 있다. 그렇다면 과거에 경험한 삶의 반복이 아니라, 자신이 원하는 새로운 삶을 창조하려면 어떻게 해야 할까? 매 순간 하고 있는 선택이 자신의 생각에 의한 것임을 안다면 답은 간단하다. 매 순간 새로운 생각을 함으로써 새로운 선택을 하면 된다. 새로운 선택은 새로운 행위와 행동으로 표현되고, 이것은 새로운 경험으로 이끈다. 새로운 경험은 새로운 느낌을 일으키고, 새로운 느낌은 다시 새로운 생각이 일어나도록 한다.

따라서 우리는 기존의 것을 대신할 새로운 신경회로를 만들어야 한다. 새로운 생각을 하면 새로운 삶을 창조할 수 있다. 정해진 운명이란 존재하지 않는다. 삶을 바꾸려면 결국 매 순간 깨어서 의식적으로 선택해야 한다. 많은 사람들이 명상을 하는 이유는 원하는 삶을 창조할 수 있는 뇌를 만들기 위함이다. 특히 성공한 사람들이 명상을 한다는 사실에서 우리는 깨어 있는 삶과 성공한 삶이 별개가 아님을 알 수 있다. 성공하려면 성공으로 이끄는 뇌를 만들어야 하듯, 새로운 삶을 살려면 뇌를 새롭게 만들어야 한다.

모든 일은 생각에서 출발하고, 생각은 실천(행동)을 낳는다. 생각이 방향을 결정한다면, 실천(행동)은 목적지를 향해 나아가는 작용이다. 올바른 방향 설정이 생각에 의해 이루어진다면, 목적지에 도달하는 것은 실천(행동)에 의해 이루어진다. 시작했다는 것은 실천을 의미하고, 실천은 이미 목적지를 향하고 있음을 뜻한다. 따라서 매순간 실천을 통해 정해진 방향으로 나아가기만 하면 된다.

지금 이 순간이 중요한 이유는, 일이 진행되고 있는 과정인 동시에 남은 시간의 또 다른 시작점이기 때문이다. 지금 이 순간 어떤 생각을 하는지는 매우 중요하다. 지금 이 순간 일어나는 생각을 알아차리고, 자신이 향하고 있는 방향을 점검해야 한다. 또한 일이 잘된다거나 잘되지 않는다고 일희일비할 필요도 없다. 이 순간은 일이 진행되고 있는 과정일 뿐이기 때문이다. 매 순간이 일이 진행되는 과정인 동시에 또 다른 시작점임을 안다면, 우리는 늘 희망과 용기를 가지고 행동할 수가 있다. 그러다 보면 어느 날 원하던 삶을 살고 있는 자신을 발견할 것이다.

2. 생각의 주인이 되라

생각은 창조의 도구다

사람은 끊임없이 생각한다. 생각에 따라 기쁨이 슬픔으로, 슬픔이 기쁨으로 바뀌기도 한다. 생각은 감정의 소용돌이 속으로 몰아넣기도 하지만, 삶에 아주 유용한 기능이다. 그렇다면 생각과 나는 어떤 관계일까? 조금만 관심을 가지고 관찰하면 나와 생각의 관계는 우리가 하는 말에서 이미 드러난다. "내 생각에는 ~", "나는 ~라고 생각한다"는 말에서도 알 수 있듯, 생각은 '나의 것'이고, '내가 하는 것'이다. 그렇다. 생각은 내가 하는 것이다. 그래서 얼마든지 내가 창조하고, 선택할 수 있다. 그런데 우리는 정작 그러지 못하고 있다. 왜일까?

생각은 우리가 사용하는 도구이자 수단이다. 그런데 너무나 오랫동안 생각을 도구로써 사용하지 못하고, 오히려 생각이 주인인 양 우리 삶을 끌고 다녔다. 앞서 말했듯이 생각을 따라 내 삶은 창조된다. 그런데 지금까지는 무의식적인 생각이 삶을 창조해 왔다. 이제 스스로 생각을 선택해야 한다. '피올라마음학교'의 김연수 교장은《정견》에서 "지금까지의 그 마음을 해고하라"고 했다. 그리고 "생각, 감정, 느낌의 본질을 확연하게 알고, 그것들을 새롭게 사용하는 공부를 해야 한다"고 당부했다. 그리하면 "우리 안에서 본래의 본성이 눈뜰 것이고, 놀라운 새 삶이 펼쳐질 것이다" 하고 강조했다.

생각을 바꾸면 삶이 바뀐다

"외부의 혁신은 존재 내적인 혁신 없이는 불가능하다. 갈망하는 모든 변화에는 마음의 변화가 선행되어야 한다." _주역

"생각을 바꿔라. 그러면 세상이 바뀐다." _ 노먼 빈센트 필

나는 고등학교 2학년 때까지 '허점이'라는 이름 때문에 스트레스를 많이 받았다. 수업 시간마다 출석을 부를 때면 내 이름이 불리는 것이 정말 싫었다. 이쁜 이름을 가진 친구가 부러웠고, 촌스러운 내 이름이 싫은 만큼 부모님이 원망스러웠다. 그러던 고등학교 2학년 어느 날, 수학Ⅱ 시간이었다. 선과 벡터를 공부하는데 문득 모든 선, 면, 입체가 점에서 비롯된다는 선생님의 말씀이 귀에 들어왔다. 순간 점이 없으면 어떤 것도 이루어질 수 없다는 생각이 들었다. '점이 그렇게 중요한 거였어? 점이야말로 없어서는 안 되는 정말 소중한 거잖아. 좋아, 난 이제 내 이름처럼 없으면 안 되는 소중한 존재가 되는 거야' 하고 생각했다. 그때 필자는 지금까지 느끼지 못했던 의지를 느낀 것 같다.

지금 와 생각해 보면 그때 이후로 필자의 삶이 변하기 시작한 것 같다. 이름에 대한 스트레스에서 벗어났고, 부모님에 대한 원망은 시간이 지나면서 감사로 변했다. 누군가 이름을 부르거나

물어오면 당당하게 대답하게 되었다. 단지 생각 하나 바꿨을 뿐인데 삶이 변한 것이다. 그렇다. 삶의 변화는 생각을 바꾸는 것에서 시작한다.

그렇다면 어떤 생각을 어떻게 바꿔야 할까? 먼저 자신에게 다음 질문을 해보자.

"나도 모르게 무의식적으로 작동하는 내 안의 믿음과 인식 체계는 무엇인가?"

"새로운 존재가 되기 위해 바꿔야 할 믿음과 인식은 무엇인가?"

나는 학창 시절 '내 이름은 창피하다'는 생각으로 위축됐었다. 자신을 부끄러운 존재로 생각했다. 그런데 '내 이름은 정말 대단하다'로 생각을 바꿈으로써 새로운 삶을 살 수 있었다. 이처럼 믿음과 인식은 바로 나의 생각이다. 나를 한정 짓거나 두려움으로 몰아넣거나 움츠러들게 하는 생각은 없는지, 그것을 무의식적으로 믿지는 않았는지 살피는 일은 매우 중요하다.

믿음과 인식은 자신의 경험에서 비롯된다. 믿음은 모두 과거 경험에서 나온다. 그런데 믿음은 사실일까? 과거 어느 때는 사실이었을지 모르지만, 지금은 사실이 아니다. 우리는 자신의 믿음에 중독되어 있고, 과거의 감정에 중독되어 있다. 우리는 믿음을 변할 수 있는 '생각'으로 보지 않고, 변하지 않는 '진실'로 착각한다. 믿음에 반대되는 증거가 바로 눈앞에 있어도 그것을 보지 못한다. 눈앞의 증거를 보지 않고 완전히 다른 것을 보기 때문이다. 우리는 실제로 사실이 아닌 많은 것을 실제처럼 믿도록 자신을 조건화해 왔다. 그런 믿음들이 건강과 행복에 부정적인 영향을 끼치지만, 알지도 느끼지도 못한다. 인류의 희생과 고통을 가져온 많은 전쟁과 역사적 사건이 잘못된 종교적 믿음과 문화적 믿음 때문이라는 것이 대표적인 증거다.

우리는 의식적, 무의식적으로 사실이라고 믿는 것에만 감응한다. 무의식적인 믿음은 잠재의식 속에서 작동한다. 의식적으로 '나는 할 수 없어'와 '나는 얼마든지 할 수 있어'라는 생각을 모두 해보고 느낌을 비교해 보라. '세상은 언제나 나를 힘들게 해'와 '세상은 나를 위해 존재하니까 나는 마음만 먹으면 무엇이든 할 수 있어'라고 생각할 때의 느낌도 비교해 보라. 그리고 우리 삶이 어떻게 달라질지 생각해 보라. 그 확연한 차이를 느껴보라. 믿음을 바꾸기는 어렵지만, 그렇다고 불가능한 것도 아니다.

생각을 바꾸면 사람이 바뀌고 삶이 바뀐다. 그렇다면 어떻게 해야 생각을 바꿀 수 있을까? 생각을 바꾸려면 관점을 바꿔야 한다. 생각은 내가 하는 것이지만 관점을 바꾸지 않으면 바뀌지 않는다. 생각은 보고, 듣고, 감각하는 것에서 경험적으로 생겨나기 때문이다. 관점을 바꾸면 생각은 저절로 바뀌지만, 관점을 바꾸려면 의식이 커져야 한다. 가구 배치를 바꾸려면 가구를 이리저리 옮겨놓을 여분의 공간이 있어야 하듯, 생각을 바꾸려면 마음의 여유가 필요하다. 자유롭게 생각하려면 더 크게 확장된 의식이 필요하다. 지금까지 유지하던 '나'라는 관점에서 벗어나 더 큰 '나'의 관점을 가질 때 생각을 바꿀 수 있다.

사람들은 의식의 크기를 마음의 크기로 표현하기도 한다. 마음이 큰 사람은 수용을 잘한다. 여유 공간이 충분하기에 어떤 상황에서도 긍정적인 방향으로 마음을 잘 고쳐먹는다. 명상이나 수행법에서 강조하는 '역지사지(易地思之)', '너와 나는 하나', '네가 부처다', '우리는 모두 하나님의 자식이며 형제다'와 같은 말들은 모두 관점을 바꿔 생각을 바꾸라고 하고 있다. 관점을 바꾸면 생각이 바뀌고, 생각이 바뀌면 행동이 달라지며, 행동이 달라지면 삶도 저절로 달라지기 때문이다.

3. 삶의 모드를 바꾸어라

다양한 나를 체험하라

삶은 다양한 관계 속에서 일어나는 체험의 연속이다. 우리는 나이가 들수록 하나의 입장과 하나의 관점만을 고집하려 한다. 누구의 엄마고, 누구의 아내며, 어떤 환경에서 자란 어떤 성격의 특정한 '나'만을 고집하려 한다. 그러다가 '꼰대'로 불리기도 한다. 우리는 하나의 정해진 입장 속에만 갇혀 있는 존재가 아니다. 누구의 엄마지만 상황에 따라 아닐 수 있고, 누구의 직장 상사지만 상황에 따라 아닐 수도 있다. 과거의 나를 고집하여 정해진 입장, 고정된 관점만 유지한다면 현실은 변화가 없을 뿐만 아니라 지겹고 재미없고 힘든 삶이 된다.

세상에 고정되어 있거나 변하지 않는 관계는 존재하지 않는다. 그러나 대부분의 사람들은 과거의 나라는 고정된 관점과 관계 속에서 살아간다. 그런 관계를 만드는 사람이 자신이라는 사실을 자각하는 사람은 많지 않다. 어떤 관계로 살아갈지 생각하고, 스스로 원하는 관계를 창조하는 사람은 더더욱 드물다. 관계는 매 순간 변한다. 과거의 나를 고집하지 않고, 정해진 입장과 고정된 관점만 고집하지 않는다면, 매 순간 다양한 관계 속에서 다양하게 변하는 자신을 체험할 수가 있다. 매 순간이 새로운 체험의 연속이 된다. 그러면 삶은 늘 새롭고, 배움과 성장의 장이 된다. 사실 과거의 관점에서 새로운 관점으로 전환하기는 쉽지 않다. 그러나 필자는 사람들이 조건과 상황에 따라 만들어지는 내가 아니라 매 순간 스스로 창조하는 나, 다양한 나를 체험하는 삶을 살았으면 좋겠다.

삶은 관계다. 우리는 관계를 떠나서 살 수 없다. 관계를 한번 생각해 보자. 하늘에 빛나는 수많은 별들 중에는 스스로 빛을 내며 주변 별들을 빛나게 하는 '항성'이 있는가 하면, 항성 주변을 돌며 항성이 내뿜는 빛을 반사해 자신의 존재를 드러내는 '행성'이 있다. 만약 누군가에게 의존하고, 누군가에게 영향을 받는 행성과 같은 존재라면 관계는 어떻게 될까? 반면에 늘 변화의 중심에 있지만, 자신은 변하지 않고 주변에 영향을 주면서 전체적인 변화를 이끄는 항성과 같은 존재가 된다면 관계는 어떻게 될까? 그런 관계 속에서 만들어 가는 삶은 어떻게 될까?

필자는 마흔 살이 넘을 때까지 행성과 같은 존재였다. 끊임없이 주변의 눈치를 보며 그들에게 나를 맞추어야 한다고 생각했다. 그들이 나를 인정해 주면 행복했지만, 그렇지 않으면 우울감 속에서 허우적거리기 일쑤였다. 그들은 내가 마음에 들면 좋다고 했고, 내가 마음에 들지 않으면 싫다고 했다. 나는 삶을 통째로 그들에게 내맡긴 채 그들에 의해 좌우되었다. 그러면서 늘 그들이 바뀌어야 한다고 생각했다. 지금 생각하면 어떻게 그런 어리석은 생각을 하면서 살았는지 모르겠다. 이제 필자는 항성과 같은 삶을 살기 위해 노력하고 있다. 내가 발하는 빛이 아직은 미약할지 모르나 점점 강렬해질 것이라고 확신한다.

관계 속 우리 삶은 운동 경기를 통해서도 생각해 볼 수 있다. 당신은 관객과 선수 중 누구이기를 원하는가? 경기 흐름에 따라 감정이 달라지는 관객이 아니라, 경기 분위기를 주도하는 선수로 산다면 우리 삶은 어떻게 될까? 답은 인체에서도 그대로 드러난다. 인체에서 세포들은 자신만의 기능과 역할을 가짐으로써 다른 세포에게 꼭 필요한 존재가 된다. 또 다른 세포, 조직, 기관에 대해 평가나 판단도 하지 않는다. 오직 주어지는 상황과 조건을 그대로 수용하고, 거기서 자신이 할 일을 할 뿐이다. 관계라고 할 것도 없지만, 그들은 조화와 균형을 이루며 공존한다. 세포는 서로에게 의존하고 있지만, 동시에 모두가 늘 변화의 중심에 있다. 주변에 의해 영향을 받지만, 영향도 주면서 전체적인 변화를 이끈다.

삶은 체험의 연속이다. 그리고 그 체험은 매 순간 변하는 관계 속에서 일어난다. 그렇게 본다면 좋은 삶이란 관계 속에서 좋은 체험을 이끌어내는 것이 아닐까? 좋은 삶을 원하는가? 좋은 체험을 원하는가? '좋다/나쁘다'는 것이 오직 생각임을 알면, 우리는 언제나 원하는 체험을 하며 원하는 삶을 살 수 있지 않을까? 앞에서 했던 것처럼 음료수가 반 정도 담긴 컵을 보면서 '아직 반이나 남았네'라고 생각을 바꾸어 보라. 분명히 다른 체험을 할 수 있을 것이다. 이처럼 삶에서 어떤 체험을 하느냐는 오직 당신이 선택한 결과일 뿐이다.

받는 삶에서 나누고 베푸는 삶으로

삶은 체험의 연속이며, 그 체험은 관계 속에서 이루어진다고 했다. 우리는 관계를 벗어나 살 수 없다. 다양한 관계 속에서 우리는 다양한 관점의 나를 체험할 수가 있다. 어릴 때는 수동적으로 주어지는 관계 속에서 누군가의 아들/딸로, 누군가의 친구로, 누군가를 미워하거나 좋아하는 사람으로 삶을 수동적으로 살 수

밖에 없었다. 성인이 되어서는 어떠한가? 누군가의 아내/남편으로, 누군가의 부모로, 어느 직장에서 어떤 직위의 사람으로 다양한 삶을 체험한다. 그러나 여전히 주어지는 관계 속에서 수동적으로 체험을 하고 있지는 않는가?

어린 시절 우리는 생존 모드에서 삶을 수동적으로 체험할 수밖에 없었다. 내가 필요한 것을 얻고, 나를 지키기 위해서는 신뢰할 수 있는 누군가의 관심과 애정이 필요했다. 그래서 그들의 눈치를 보아야 했고, 나의 감정보다는 그들의 감정(또는 외부 자극)에 민감하게 반응했다. 나의 감정은 늘 인정받지 못하고, 허용되지 못한 채 깊은 무의식에 묻어 두었다. 어른이 된 후에도 마찬가지였다. 어쩌면 그것은 인정받고 허용될 때까지 계속해서 내 삶에 영향을 줄지도 모른다.

어릴 때 타인에 의해 수동적으로 받아들여진 수많은 부정적 감정(슬픔, 불행, 두려움, 등)들은 오래도록 기억에 저장되어 관계 속에서 갈등과 고통을 만들어 낸다. 어린 시절 우리 몸에 입력된 부정적 감정의 프로그램들이 어른이 되어서도 의도하지 않은 많은 체험들을 하게 하는 것이다. 그래서 사람들은 슬픔과 고통을 운명으로 받아들이기도 한다.

하지만 필자는 이제 내가 원하는 체험을 하며 살려고 한다. 경기 흐름에 따라 주어지는 대로 체험하는 관객이 아니라, 경기를 주도하며 원하는 체험을 하는 선수의 삶을 살려고 한다. 나아가 상황에 따라 관객과 선수를 자유롭게 넘나들며 내가 원하는 최상의 삶을 살려고 한다. 어떻게 하면 그렇게 살 수 있을까?

스스로 의식주를 해결할 수 없을 때는 의존적이고 수동적인 삶을 살 수밖에 없고, 이기적일 수밖에 없다. 생존이 우선이기 때문이다. 그러나 어른은 자기 스스로 의식주를 해결할 수 있다. 누구에게 의존하지 않아도 되고, 누구의 눈치를 보거나 자신을 속일 필요도 없다. 전체 속에서 내가 존재할 수 있으며, 나와 전체는 둘이 아닌 하나라는 것도 안다. 그러니 어른이 되었다면 나와 연결된 모든 것들과 함께 하는 삶을 살아야 한다. 더 이상 수동적인 체험을 통해 '만들어지는 나'가 아니라 능동적으로 내가 원하는 체험을 하며 '만드는 나'로 전체와 하나되어 살아야 한다.

변화를 강조하는 피올라마음학교 김연수 교장의 말씀처럼 이제 우리는 생존 모드가 아닌 체험 모드에서 원하는 체험을 하며 살아야 한다. 나아가 존재 모드에서 생존 모드와 체험 모드를 오가며 원하는 체험을 자유롭게 하는 삶을 살아야 한다.

전체의식으로 확장하라

경기할 때 내가 만족한 경기는 상대 페이스에 따라가는 것이 아니라 경기를 주도할 때다. 테니스 경기라면 상대의 공이 어디서 어떻게 날아오든 내가 받아쳐서, 내가 원하는 방향과 원하는 속도로 원하는 위치에 정확히 공을 날려 보낼 수 있어야 한다. 그러기 위해서는 한순간도 놓치지 않고 전체 상황을 보고 알아야 한다. 공기의 흐름조차도 파악해야 할지도 모른다. 하지만 그것은 완벽한 전체의식을 가졌을 때만 가능하다.

예수님은 "네 이웃을 네 몸처럼 사랑하라"고 하셨다. 그것이 어떻게 가능할까? 이웃을 이웃으로 여긴다면 불가능한 일이다. 이웃을 이웃이 아니라 나로 여겨야 가능한 일이다. 이웃과 내가 둘이 아닌 하나일 때 가능하다. 실제로 우리는 하나다. 그것은 세포와 인체, 인간과 지구의 관계에서 이미 여러 차례 이야기했다. 그런데 우리는 왜 이웃을 내 몸처럼 사랑하지 못할까? 우리가 여전히 '우리는 분리된 존재'라는 생각을 믿기 때문이다.

이웃과 내가 하나이며 서로 연결되어 있다는 사실을 다시 한 번 확인해 보자. 그러기 위해 나와 이웃이 한눈에 들어오도록 나를 이동해 보라. 몸을 이동하라는 것이 아니라 '생각하는 능력'을 활용해 나를 포함한 더 큰 존재와 나를 동일시하라는 뜻이다. 드라마나 영화를 볼 때 극중 인물과 동일시하면서 그의 삶을 체험하듯, 우리는 무엇이든 원하기만 하면 그것과 자신을 동일시할 수가 있다. 하지만 더 큰 존재(예를 들어 지구, 우주 등)와 동일시하려면 의식을 더욱 크고 넓게 확장할 필요가 있다.

그렇다면 의식은 어떻게 확장할 수 있을까? 이와 관련해 피올라마음학교 김연수 교장은《내 밖의 나》에서 다음과 같이 말했다.

"내 안의 나에게만 열중할 때 우리는 내가 아는 나를 더 자세히 알게 되고, 내가 아는 상자의 크기를 키울 수는 있지만, 여전히 '나'라는 상자 밖으로 나가지는 못한다. 진정한 나를 알기 위해서는 반드시 '나'라는 상자를 벗어나 보아야 한다. 그러기 위해서는 내가 아는 나의 존재 방식(생각, 관계, 감정, 감각, 시간, 공간이라는 여섯 개의 존재 방식을 식스존이라 표현함)에서 벗어나야 한다. 나의 존재 방식에서 벗어날 때 비로소 의식의 영역은 확장된다."

그렇다. 우리는 집 안에서 집 전체의 모양을 볼 수가 없다. 밖에서 보아야 한다. 전체를 보려면 멀리서 보아야 한다. 이 말은 관점을 이동하고, 시야를 넓혀 생각의 범위를 확장하라는 뜻이다. 생각을 다양하고 폭넓게 하려면 의식이 그만큼 커져야 하기 때문이다. 중국 속담에 "군자의 마음은 끝이 보이지 않는 바다와 같다"는 말이 있다. "사람은 자기 마음 그릇의 크기만큼 보고 듣고 경험한다"는 말도 있다. 나와 상대의 관계를 이해하고, 상대를 바르게 이해하기 위해서는 상대와 나를 동시에 볼 수 있어야 한다. 그러기 위해서는 무엇보다도 상대와 나를 모두 품을 만큼 큰 의식(마음)을 가져야 한다.

상대와 내가 모두 내 의식 안에 있으면, 상대와 나의 관계가 드러나고, 그와 내가 하나로 연결되어 있음을 확인할 수가 있다. 그와 내가 서로 연결되어 있고 분리될 수 없는 하나라는 사실을 확인하면, 그를 이웃이 아닌 나로 사랑할 수 있게 된다. 이처럼 의식의 확장은 수용과 포용력으로 이어져서 삶이 편안하고 풍요로워질 뿐만 아니라 사랑으로 충만함을 느끼게 된다.

의식의 확장을 돕기 위해 다시 인체를 생각해 보자. 인체와 세포는 분리될 수 없는 하나인 동시에 크기만 다를 뿐 본질은 같다. 오늘날 과학자들이 세포 하나로 복제 생물을 만드는 사실에서도 이를 알 수 있다. 이와 마찬가지로 우리가 동의하든 동의하지 않든 인간과 우주 또한 분리될 수 없는 하나이며, 이들도 크기만 다를 뿐 본질은 같다.

지구에 세포가 출현하고, 세포들이 인간이라는 생명체를 탄생시키면서 지구라는 생명체는 세포에서 인류로 생명활동의 중심이 옮아가고 있다. 필자는 이것을 지구의 진화로 본다. 인간은 지구라는 생명체를 이루는 구성 요소인 동시에, 생각하는 능력으로 지구 생명체 전체에 막대한 영향을 미치고 있다. 생물의 출현, 단세포생물에서 다세포생물로의 진화, 인간의 출현 등은 모두 지구의 진화에 의해 나타난 지구 내부적 현상인 동시에 지구라는 생명체 안에서 일어난 생명활동 현상이다.

인간은 작은 우주다. 인간은 우주의 일부인 동시에 크기만 다를 뿐 우주와 본질은 같다. 우리 인류가 개체 인간의 의식에서 우주 의식으로 확장된다는 것은 전체인 우주(종교에서 말하는 신)와 하나가 되는 것을 의미한다. 또 인간이 전체인 우주 의식이 된다는 것은, 3차원인 물질세계에서 그 너머 4차원 또는 그 이상의 차원으로 관점이 이동된다는 것을 의미한다. 3차원 너머에서 3차원 전체를 바라볼 수 있을 뿐만 아니라 3차원을 창조하는 의식이 된다는 것이다. 이것이야말로 지금까지 우리가 생각해온 신의 의식이며, 부처님과 하나님의 의식이 아닐까?

그렇다면 인간이 전체인 우주(신) 의식으로 확장되려면 어떻게 해야 하고, 어떻게 살아야 할까? 필자는 인체를 구성하는 체세포들에게서 답을 찾을 수 있었다.

첫째, 버리고 줄인다. 인체 세포는 자기가 가진 모든 기능 중 하나만을 제외하고, 다른 기능들은 최소한으로 줄였다. 몰입과 집중을 선택한 것이다. 세포들은 저마다 모양에 따른 최적의 기능 하나에 집중하여 최소 에너지로 최대 효과를 얻는다. 우리도 이제 집중과 몰입으로 자기 발전에 힘써야 할 때다. 개인과 사회 그리고 국가는 각각 고유의 개성과 재능을 살리는 데 힘써야 한다.

둘째, 모든 다름을 인정한다. 세포는 다른 세포들을 있는 그대로 인정하고, 수용함으로써 다 함께 성장하고 발전하는 길을 선택했다. 인체를 이루는 작은 한 조각 퍼즐이 됨으로써 모두가 유일하면서도 최고의 존재로, 없어서는 안 되는 존재가 될 수 있었다. 세포는 인체라는 생명체를 탄생시키고, 그 속에서 함께 공존하는 새로운 생존 방식을 선택했다. 그 결과, 인체 안에서 더욱 다양한 형태로 생존하고 발전할 수 있었다. 이를 통해 우리 인류가 함께 생존하고 발전할 수 있는 길은 시기, 질투, 경쟁 대신 서로 개성을 인정하고 신뢰를 바탕으로 소통과 협력이 필요하다는 사실을 알 수 있다.

셋째, 감사하고 사랑한다. 만약에 체세포들이 생각을 할 수 있다면, 자신을 살려주는 다른 세포와 인체에 감사하지 않을까? 다른 세포들과 분리될 수 없는, 한 몸이라는 사실을 알기에 모두를 내 몸처럼 사랑하지 않을까? 어쩌면 이 또한 필자의 생각일 뿐, 세포는 감사나 사랑이라는 마음조차도 없이 매 순간 상황에 따라 자신이 할 수 있는 일을 할 뿐인지도 모른다. 우리에게 부처님의 "무위행(武威行)", 예수님의 "네 이웃을 네 몸과 같이 사랑하라"는 말씀의 의미는 세포들처럼 아무런 조건 없이 주어진 상황을 그대로 수용하고, '일어나야 할 일이 일어날 뿐'임을 알고 실천하라는 것이 아닐까. 그러면 모든 존재 자체가 그대로 사랑이고, 감사이지 않을까.

4. 생물 고수가 인생 고수다

필자는 세상을 바꾼 위대한 인물들, 그들이야말로 인생의 고수들이 아닐까 생각한다. 그렇다면 그들은 어떤 삶을 살았을까? 그들은 나와 어떤 점이 달랐을까? 필자가 본 그들의 삶은 다음과 같이 몇 가지로 요약할 수 있을 것 같다.

세상과 하나되어 살았다

먼저 그들은 공통적으로 세상과 하나로 살았다. 의도했든 의도하지 않았든 그들의 삶에는 세포적 특성이 잘 투영되고 나타난다. 세포는 자신이 해야 할 일을 잘 알고, 자신이 할 일만 한다. 다른 세포와 비교하지 않고, 다른 세포의 일에 시비하지도 않는다. 그들 모두가 없어서는 안 된다는 것을 알기에 존재하는 모든 세포를 있는 그대로 인정하고 수용한다. 또한 늘 전체와 하나로서 존재한다.

위대한 인물은 늘 겸손하다. 자기 혼자서는 아무것도 할 수 없고, 함께이기에 모든 것이 가능함을 알기 때문이다. 자신보다는 타인과 전체를 먼저 생각한다. 타인이 있고 전체가 있어서 자신이 존재할 수 있음을 알기 때문이다. 그래서 인생 고수는 늘 타인을 자신처럼 아낀다. 자신을 전체에서 분리시키지도 않는다. 그래서 그들 주변에는 늘 사람이 모인다. 가르치지 않아도 사람들은 늘 그에게서 배운다. 보여지고 행해지는 것이 모두 배울 만한 것들이기 때문이다. 그들은 세상을 바꾸려 하지도 않는다. 오직 자신만 매일 새롭게 할 뿐이다. 자신이 바뀌면 주변이 바뀌고, 주변이 바뀌면 모두가 바뀐다는 것을 알기 때문이다. 그들은 자신이 모든 것과 연결되어 있으며, 세상과 분리되어 있지 않으니 혼자서만 변화하지 않는다는 것을 안다.

모든 관점에서 벗어나 있다

오늘날 우리는 무수히 많은 정보 속에서 살고 있다. 그렇다 보니 중심을 잡고 자신의 관점을 유지하는 것을 매우 중요하게 생각한다. 그러나 일방적으로 편향된 정보를 받아들이는 시대는 지났다. 인생 고수는 양쪽의 정보를 모두 살펴보고 상황에 따라 자기만의 생각으로 판단하기도 하고, 경우에 따라서는 판단을 하지 않기도 한다. 사실 내가 판단하지 않는다고 해서 어떤 일이 일어나거나 일어나지 않는 것은 아니다. 그래서 늘 판단을 유보한다. 그것이야말로 하나의 정해진 관점에서 벗어나 자유로운 선택을 할 수 있는 상태이기 때문이다.

인생 고수는 사람들이 각자의 관점에서 만들어 내고 있는 이야기에 신경을 쓰거나 스트레스를 받으며 에너지를 낭비하지 않는다. 모든 일은 항상 현재진행형이므로 지금 일어나는 일들에 일희일비하지도 않는다. 눈앞에서 일어나는 수많은 진행형의 현상들에 일일이 반응하고, 스트레스를 받으며 감정을 소모하지도 않는다. 단지 지금 상황에서 할 수 있는 최선을 다할 뿐이다.

인생 고수는 하나의 관점이 아니라 다양한 관점을 가진다. 다양한 관점이라기보다는 모든 관점으로부터 벗어난 자유로운 관점이라는 표현이 맞을 것 같다. 관점에서 자유로워지기 위해서는 어떤 관점에도 고정되어 있어서는 안 되기 때문이다. 어떤 개체적 관점이나 부분적 관점이 아닌 전체와 하나인 관점이 되어 있다.

관객이 아니라 선수로 산다

삶을 경기라고 한다면 인생 고수는 어떤 경기를 할까? 만약 우리가 보고 있는 경기가 재미없다면 경기 내용을 바꾸어야 한다. 경기 내용은 관객이 아닌 선수에 따라 달라진다. 보고 소리치고 응원한다고 해서 바뀌는 것이 아니라 직접 바꾸지 않으면 안 되기 때문이다. 경기를 즐기는 방법에도 두 가지가 있다. 관객으로서 보면서 즐기는 방법과 선수로서 경기 자체를 즐기는 방법이 그것이다. 그런데 보면서 즐기는 데는 한계가 있다. 경기의 질은 경기를 진행하는 선수들에 의해 좌우되기 때문이다. 즐기려다 오히려 답답한 경기, 스트레스를 받는 경기가 될 수도 있다.

경기를 진짜 즐기고 싶다면 선수로 뛰어야 한다. 경기에 뛰어들어야 한다. 이렇게 하면 어떻게 되는지, 저렇게 하면 어떻게 되는지 하고 싶은 대로 하면서 직접 경험해야 한다. 즐기면서 배울 수 있다면 얼마나 신나는 체험이 되겠는가? 답답할 일도 없다. 모두가 자신이 한 대로 결과가 나타나기 때문이다. 그 결과를 통해 배우기만 하면 된다. 매 순간 배워서 알 수 있다면 얼마나 신나는 일인가? 인생 고수는 이렇게 선수처럼 산다. 신나게 산다. 적극적으로 산다. 매 순간 배우면서 활기차게 산다.

추구하지 않고 벗어나 있다

인생 고수는 억지로 하지 않는다. 그냥 최선을 다하고 일의 결과를 바라볼 뿐이다. 전체 안에서 모두가 최선을 다하고 있으므로 나에게는 항상 최선의 일만이 일어나고 있음을 안다. 어떤 일이 일어나도 그것은 일어날 일이 일어났을 뿐임을 안다. 될 일은 되고 안 되는 일은 그럴 수밖에 없는 이유가 있다. 안 될 일이 될 수는 없다. 지켜보기만 하는 것도 재미있는 일이다. 예상하지 못했던 일이 일어나는 것을 보는 것도 재미있는 일이다. 인생 고수는 자신이 배워야 하는 존재임을 알기 때문에 늘 새로운 시도를 한다. 새로운 시도만이 새로운 것을 알 수 있게 해주기 때문이다.

인생 고수는 원하는 삶이 있지만, 그 삶을 추구하지는 않는다. 자신이 생각하는 모든 삶으로부터 벗어나 있기 때문이다. 우리가 자유롭지 못한 것은 그것에 의해 구속되어 있기 때문이다. 정작 나를 구속하고 있는 것은 물질적인 무언가가 아니다. 주변을 살펴보라. 무엇이 당신을 구속하고 있는가? 스스로 만들어 놓은 틀(생각)에 의해 자기가 구속받고 있을 뿐, 주변에는 자기를 구속하는 어떤 것도 없다. 그렇다. 자유로워지려면 자신이 만들어 놓은 틀(생각)이 무엇인지 알아차리고, 그 틀을 놓아버리면 된다.

예를 들어 '이러이러한 삶을 원해'라는 바람이 있다면, '이러이러한 삶'이라는 틀을 만들어 놓고 그런 삶이 아니면 안 된다고 고집을 부리고 있지는 않는지 살펴보라. 그 고집이 바로 당신의 추구심이다. 그 추구심을 알아차리고 버리지 않는 한 당신은 그것에 의해 구속될 수밖에 없다. 그런 고집만 부리지 않는다면 어떤 삶을 살건 문제될 것이 없다. 그런 고집만 부리지 않는다면 오히려 원하는 삶으로 나아갈 가능성이 높다. 마음이 자유롭고 편안하면 매 순간 자신이 원하는 것이 더 잘 보이고, 더 쉽게 선택할 수 있다. 그러다 보면 어느새 자신이 원하는 삶이 이루어지고 있음을 발견하게 될 것이다.

세포들은 자기를 고집하지 않는다. 자기를 고집하는 대표적인 세포가 바로 암세포이다. 우리는 암세포를 어떻게 하는가? 인체에서 제거해야 할 대상으로 여기고, 이들을 제거하기 위해 최선을 다한다. 그들은 전체에 의해 전체에서 제거될 수 밖에 없다.

생물 고수가 인생 고수다

많은 영적 스승들은 깨어나서 살아야 한다고 말했다. 필자가 이 책을 쓴 이유도 같은 것을 말하려 함이다. 깨어나서 산다는 것은 어떻게 사는 것일까? 세포처럼 사는 것, 한마디로 세포가 인체와 하나로 존재하듯 세상과 하나되어 사는 것이다..

생명의 특성을 나타낼 뿐 자신이 무엇이라는 생각 없이 생명 자체로 존재하는 것을 생물 고수라고 한다면, 미생물이 그러하고, 모든 동식물이 그러하니 생물 고수가 아닌 생물이 없다. 그런데 인간은 어떠한가? 나는 생명 자체로 존재하고 있는가? 과연 생물 고수로서 살고 있는가?

인생 고수야말로 생물 고수라고 할 수 있다. 빛이 가는 곳은 어둠이 물러나고, 소금이 뿌려진 곳은 썩지 않는다. 이처럼 인생 고수는 스스로가 진정한 변화의 에너지로서 주변을 변화시킨다. 보통 사람들은 자기 하나도 바꾸기 힘들어 하지만, 위대한 선각자들은 그 한 사람이 사회 전체나 한 나라를 통째로 바꾼다. 간디가 그러했고, 만델라가 그러했으며, 세종대왕이 그러했다.

내가 바뀌면 세상도 바뀐다. 누구도 세상과 분리되어 있지 않으니 혼자서만 변화되지 않는다. 시간이 문제일 뿐 주변도 점차 바뀐다. 내가 적극적으로 바뀌어 주변 세상을 바꿀 때, 비로소 나는 영향력 있는 존재가 된다. 이것이 인생 고수들이 편안한 상태에 머물지 않고 적극적으로 행동하는 이유다. 세포가 오직 자신의 일에 충실하듯, 우리는 각자의 일에 충실함이 최선이다. 어제보다 오늘, 오늘보다 내일 더 나아진 자신을 위해 살아간다면 그것이야말로 최고의 인생 고수가 아닐까 생각한다.

| 감사의 말 |

책 출간이라는 기적에 즈음하여

아무리 생각해도 이 책이 세상에 나오게 된 것은 기적과 같습니다. 기적의 시작은 터무니없는 용기가 큰 몫을 차지했습니다. 무모하게 시작했다는 자책감과 괜히 시작했다는 후회로 책 쓰기를 포기하고 싶을 때도 많았지만, 포기하지 않은 이유는 글쓰기가 주는 묘한 매력 때문이었습니다.

글쓰기는 나도 몰랐던 내면의 말들이 흘러나오게 해주었습니다. 그리고 그 말은 누구도 아닌, 오직 나에게 하는 말이었습니다. 글쓰기는 나를 보고 알게 하고, 나를 행복하게 해주었습니다. 그 행복에 중독되어 독자의 비난이나 평가에 대한 두려움도 잊을 수 있었습니다.

책 쓰기는 나를 알아가는 신나는 탐구과정이었고, 행복한 과정이었습니다. 그래서 책을 쓸 수 있다는 것만으로도 감사했습니다. 이 책을 쓰도록 인연되어진 모든 분들께 정말 감사드립니다.

무엇보다 이 책이 세상에 나온 것은 저를 있게 해준 부모님 덕분입니다. 이제 세상에 계시지는 않지만, 두 분은 늘 마음속에서 저를 지켜주시고 이끌어주시는 삶의 기둥이자 등대입니다. 두 분께 진심으로 감사드립니다.

피올라마음학교 김연수 교장선생님 감사합니다. 당신은 매 순간 저를 깨우쳐주셨을 뿐만 아니라, 책 쓰기를 주저하고 있을 때 찬성과 지지로 큰 힘이 되어 주셨습니다. 회사를 경영하느라 바쁘신 중에도 기꺼이 원고를 읽고 격려와 조언의 말씀도 해주셔서 정말 감사합니다.

용기를 주시고 책을 쓰도록 이끌어 주신 김병완 선생님과 이 책을 출간해 주신 김진성 대표님 감사합니다. 특히 대표님은 제 원고에 가장 먼저 관심을 보여 주시고 출판을 제안해 주셨습니다. 부족하기 짝이 없는 원고를 처음부터 끝까지 친절하고 세심하게 살펴 책으로 나올 수 있게 해주셨습니다.

언제나 나보다 나를 더 염려해 주고 사랑해 주는 가족에게 감사드립니다. 나의 부족함을 채워주기 위해 애를 쓰는, 인생의 가장 큰 스승이자 영원한 내 편인 남편에게 감사드립니다. 책을 쓰는 동안 얼마나 많이 배려하고 마음을 다해 지원해 주었는지 잘 압니다. 언제나 엄마를 지지해 주고 힘이 되어 주는 든든한 두 아들에게도 사랑과 감사의 마음을 전합니다.

이 책이 세상에 나오기까지는 많은 인연들의 도움이 있었습니다. 보이는 곳에서, 보이지 않는 곳에서 지금의 나를 있게 하고, 책으로 독자들과 만날 수 있도록 애써 주신 모든 인연들에게 감사의 말씀을 드립니다.

끝으로 독자들에게 감사드립니다. 책에 쓴 많은 내용들이 아직은 필자의 삶으로 녹아들지 못하고 생각에 지나지 않습니다. 얕은 앎에 지나지 않는다는 생각에 책을 쓰면서도 많이 망설였습니다. 그럼에도 불구하고 글을 쓰고 책을 낸 까닭은 독자들에게 앞으로 변하겠다고 다짐하는 결심의 의미도 있습니다. 독자들의 넓은 이해와 격려를 부탁드립니다.